小强升职记

时间管理故事书

邹小强 · 著

升级版

电子工业出版社
Publishing House of Electronics Industry
北京·BEIJING

内 容 简 介

有的人，从忙中走向事业的成功、家庭的幸福；而另一些人，却从忙中走向碌碌无为。抛开天赋的微小差别，最关键是我们如何对待时间，如何管理时间，进而管理自己的人生。

这本书不讲时间管理的大道理，而是通过小强和老付的交流来讲故事。让我们看到一个正能量小强是如何战胜压力，如何管理时间，如何实现成长的。这本书是简单、实用的时间管理入门书。

这本书从系统化的视角来帮助我们重新审视管理时间，并以最快的速度帮助我们养成好习惯，战胜拖延症，掌握时间管理的技巧，从而实现高效地工作，慢节奏地享受生活。

这本书除了精美的实践手册，还有立体化的互动学习平台，这样能帮助读者在互动学习中切实掌握时间管理的技巧。

未经许可，不得以任何方式复制或抄袭本书之部分或全部内容。
版权所有，侵权必究。

图书在版编目（CIP）数据

小强升职记：时间管理故事书：升级版 / 邹小强著. —北京：电子工业出版社，2022.1

ISBN 978-7-121-42081-8

Ⅰ.①小… Ⅱ.①邹… Ⅲ.①成功心理－通俗读物②时间－管理－通俗读物 Ⅳ.①B848.4-49②C935-49

中国版本图书馆CIP数据核字（2021）第190866号

责任编辑：张月萍　　特约编辑：田学清
印　　刷：三河市良远印务有限公司
装　　订：三河市良远印务有限公司
出版发行：电子工业出版社
　　　　　北京市海淀区万寿路173信箱　　邮编：100036
开　　本：880×1230　1/32　　印张：6.625　　字数：148千字　　彩插：1
版　　次：2014年4月第1版
　　　　　2022年1月第2版
印　　次：2022年1月第1次印刷
定　　价：49.00元

凡所购买电子工业出版社图书有缺损问题，请向购买书店调换。若书店售缺，请与本社发行部联系，联系及邮购电话：（010）88254888，88258888。
质量投诉请发邮件至zlts@phei.com.cn，盗版侵权举报请发邮件至dbqq@phei.com.cn。
本书咨询联系方式：010-51260888-819　　faq@phei.com.cn。

专家力荐

（排名不分先后）

如果你想要更好地掌控自己的工作和生活，如果你想要成为一个效率很高的人，那么，你一定要好好阅读《小强升职记》，它必能帮到你。

——剽悍一只猫，著名个人商业顾问，《一年顶十年》作者

打通原则、系统和技巧，给出一个明确的成长路径，让读者轻松成为管理时间的高手。

——陈章鱼，知名读书自媒体"章鱼读书"创始人，100万人关注的读书人

嗨，听说你有个提高效率的方法，能简单用一句话告诉我怎么做吗？——我们风风火火学习，急急忙忙尝试，直到有天发现马车和驭手都是最好的，却忘了要去哪里。我很喜欢《小强升职记》开头"将降大任"的设定，这不是一本方法教程，而是带着你我最初纯真的动机，去经历人类自我管理的优秀实践。踏遍青山人未老，风景这边独好。

——大胖，《番茄工作法图解》中文译者

时间管理，一门多么高端大气上档次的学问。可这高大上的印象一旦带到学习过程中，也会让人倍感压力，心存畏惧，拖延也随

小强升职记：时间管理故事书（升级版）

之产生。不用担心了！邹鑫以"小强"的故事向你娓娓道来，把时间管理的精华融入鲜活的情景。时间管理，不只是高端——大气——上档次，也可以妙趣横生——接地气。翻开这本书，用不拖延的方式学会时间管理，再用时间管理的收获打败拖延症。

——高地清风，拖延症互助组织"战拖会"创始人

《小强升职记》是近年来中国本土非常实用、非常靠谱的时间管理书，不仅仅谈时间管理，更重要的是谈到了在职场中的应用，睿智而实用，值得一读。

——古典，新精英总裁

世界上只有两种人，很忙的人和假装很忙的人。我们总是在问：时间去哪儿了？要么被自己浪费了，要么被别人浪费了，归根结底是被自己浪费了。看完这本书我觉得自己可以做一个假装很忙的人了，因为时间管理已经深深烙在我的脑海里，并且学到很多管理时间的方法。效率提高了，所以就只能假装很忙了！

——黄成明，数据化管理顾问及培训师

《小强升职记》是国内非常好的时间管理入门书，这本书最大特色是简单、实用，书中以小强的职业经历为主线，循序渐进地建立自己的时间管理系统，读者可以边读书边实践，让自己进入高效率、慢生活的状态。

—— warfalcon（刘洋），著名博主及自媒体人士

作为一名数据分析师，我也面对着日常工作的琐碎繁忙。阅读书稿之后发现，原来还可以这样把时间管理起来，方法简单实用，且不乏新意，看了就能用上。

——张文霖，《谁说菜鸟不会数据分析》作者

前　言

成功的人每天都在忙碌，平庸的人每天也在忙碌，而时间对每个人来说是绝对公平的，那么，两者之间在成就上的差距到底是如何产生的呢？

大多数人都不知道自己为什么而忙碌，更可怕的是，他们已经习惯了这种忙碌的状态。特别是刚参加工作不久的朋友，他们往往受到同事和领导的"优待"，整天忙碌于琐事之中，无暇做更长远的打算。盲目，是阻止他们快速成长的关键因素。

这种盲目是如何产生的呢？以我自己的经验来看，至少有下面几个原因：

第一，在这个人生的关键时期，我们被迫完成角色的转变。

第二，我们还来不及构建自己的职业规划和人生目标。

第三，我们不具备平衡工作和生活的能力。

第四，我们没有养成良好的习惯。

如果你认同这些原因并且想要改变的话，就需要一个自己的核心系统。

想想看，当你亲手做出一个小雪团（核心系统）之后，放在雪地里一滚，这个小雪团就会附着、吸收周围很多的雪，你最终将获得一个大雪球；而如果只是漫无目的地在雪地里踱步，走得

小强升职记：时间管理故事书（升级版）

再勤快，你的收获也只有鞋底的一点点雪而已。所以，擅长滚雪球的人比较容易成功，成功的关键在于构建自己的核心系统。

实践本书中的方法可以帮你构建时间管理的核心系统。

1. 种子——找到时间黑洞，找到职业价值观。
2. 树苗——学习四象限法则、衣柜整理法。
3. 枝叶——如何战胜拖延，如何要事优先，如何处理临时突发事件。
4. 开花——如何养成一个好习惯。
5. 结果——如何让想法落地。
6. 收获——如何建立高效办公区，逐步走向高效率、慢生活。

做事靠系统，不是靠感觉！

写本书不容易。没有家人在背后默默地付出，这本书的出版几乎是不可能的。还有一直以来对小强给予大力支持的粉丝们，你们大大丰富了这本书的内容。同时还要衷心感谢成都道然科技有限责任公司@长颈鹿27先生，感谢他的提议和在创作过程中的支持。

这本书是数十人辛勤工作的结晶，仅参与手册和插画设计的就有：阳雪、缪孟桥、何艺韵、赵娇、何菁菁、卓春艳、郝晟然。参与编辑工作的还有：王斌、张强林、万雷、石小梅、张赛桥等。

最后，感谢包括剽悍一只猫和新精英创始人古典先生在内的朋友们百忙中阅读了本书，并写了诚恳的推荐语。感谢陈章鱼、高地清风、大胖、warfalcon（刘洋）、张文霖、黄成明在百忙之中帮忙撰写精彩的书评。

如何阅读这本书

关于GTD方法

GTD是英文Getting Things Done的缩写,是著名时间管理专家大卫·艾伦(David Allen)提出的一套开创性的时间管理系统。它能将繁重超负荷的各种任务变成无压高效的工作生活方式。GTD的主要原则在于通过记录的方式清空大脑,释放压力,从而集中精力在正在完成的事情。

本书是GTD方法本土化的成果(衣柜整理法是五个流程,如何让想法落地是六个高度),作者从2007年开始实践GTD方法并持续在博客(www.gtdlife.com)上发布专题文章,是国内该领域的先行者。本书以GTD方法为核心,融合了番茄工作法等的实践经验,用故事呈现了主人公小强学习时间管理的全过程。

边读边实践

这是一本需要去实践的书!

很多人在看类似的书时都会热血沸腾、心潮澎湃,但往往来得快,去得也快。只有像书中"小强"那样认真实践的人,才能更快的成长。所以,在阅读本书时,我们不妨让自己踏踏实实的做一回"小强":小强做时间日志时,我们也做自己的时间日志;小强学习"衣柜整理法"时,我们也跟着学习;小强建立清

单系统时,我们也试着建立自己的清单系统……

我们已经为您随书准备好了练习册!

边实践边交朋友

如果您觉得一个人实践起来比较孤单、不易坚持,那么您可以通过下面的方式与作者直接交流,并且和成千上万的实践者成为朋友。

博客:http://www.GTDLife.com
邮件:zouxin2000@gmail.com
新浪微博:@邹小强V

小强和他的朋友们　　　　立体化阅读:了不起的自我成长
（微信订阅号）　　　　　　（微信服务号）

时间管理根本不是一种方法或者技能,时间管理是一种习惯,一种生活方式!

目 录

第一章 你的时间去哪儿了？ /1

一、你真的很忙吗？ /2
　　认识时间黑洞 /8
二、如何记录和分析时间日志？ /14
三、如何找到自己的价值观？ /29
　　价值观没有对错 /30
　　如何找到自己的职业价值观 /32

第二章 无压工作术 /41

一、传说中的"四象限法则" /42
　　将事情放入四个象限 /49
　　应用"猴子法则"走出第三象限 /53
　　第二象限工作法 /57
二、绝招：衣柜整理法 /61
　　做事靠系统，不是靠感觉 /61
　　捕捉：清空衣柜 /67
　　明确意义：为衣物分类 /75
　　脑袋里只装一件事 /82
　　行动、任务、项目的区别 /90
　　组织整理：将分类的衣物重新储存 /97
　　深思：对衣物做到心中有数 /100
　　行动：选择最佳方案 /105

IX

第三章　行动时遇到问题怎么办？　/113

　　一、臣服与拖延　　/114
　　二、如何做到要事第一？　　/136
　　三、如何应对临时突发事件？　　/149

第四章　如何养成一个好习惯？　/159

　　一、培养习惯首先找到驱动力　　/166
　　二、再微不足道的成就都要大肆庆祝！　　/168
　　三、培养习惯不是一个人的事！　　/169

第五章　如何让想法落地？　/173

　　一、用S.M.A.R.T法则厘清目标　　/174
　　二、用思维导图梳理计划　　/181
　　三、用甘特图掌控进度　　/184
　　四、用九宫格平衡人生　　/187

第六章　建立高效办公区　/195

　　花半小时彻底清理办公环境　　/198

第一章
你的时间去哪儿了?

小强升职记：时间管理故事书（升级版）

一、你真的很忙吗？

"最近忙不忙？"王总在电梯里满脸微笑地问身边的小强。小强知道王总虽然和基层的员工接触不多，但是他经常通过"电梯问答"的方式了解员工的状态以及企业规划的执行情况。王总颇具意味的问候说明这并不简单。小强稍做准备后回答："忙，非常忙。我们程序员整天调研需求、敲代码、写文档……时间严重不够用，天天都要加班。"

这时电梯门开了，王总没有说什么，径自走了，小强有些后悔说实话。

王总到办公室之后的第一件事就是把项目经理老付叫来。老付的年龄比王总还要大一些，是王总非常钦佩的一个人：老付做事情非常高效，并且有思想、有目标、有计划；除此之外，他阅历丰富，见多识广，去过40多个国家。王总从来不和他隔着老板桌说话，这次也一样。王总走到他身边说："来，老付，随便坐啊。我上次和你沟通过想请你担任研发总监，让小强接替你现在的位置，嗯……"王总停顿了一下继续说："你觉得小强现在能胜任吗？"老付自然是领会了老板的意思，回答说："说实话，我觉得小强现在还不够成熟。我担心他一旦担任新的职务会手忙脚乱。不过我会尽我所能让他尽快成长起来的，王总你就放心吧。"

转眼已经是晚上8点了，办公室里只有老付和小强两个人，小

第一章　你的时间去哪儿了？

强非常诧异从来不加班的老付今天怎么也走得这么晚。还没等小强回过神来，老付已经走到了他的身边。

"你真的很忙吗？"

"呵呵，老付，怎么突然问这个啊？嗯，我觉得不是'很忙'，而是'非常忙'。"

"你知道这世界由哪两类人组成吗？"

"是男人和女人？"

"呵呵，错！是'确实很忙的人'和'假装很忙的人'。"

"这是脑筋急转弯？"

老付自顾自地继续说："假装很忙的人很虚伪，但责任却不在他们。过去的几十年里，我们和我们的父辈都习惯于将'忙碌'、'刻苦'与'成功'画等号，并且鼓励我们让自己忙碌起来。比如说啊，小时候父亲总是对我说：'你看人家谁谁谁，每天晚上学习到十一点，你怎么没有人家那种爱学习的劲儿呢？'我心想：'哼，那家伙在班上学习成绩落后我七八名呢！'这还不算，记得在我念书的时候，父亲为了督促我学习，每天晚上都会搬一个小凳坐在我旁边，一边给我扇扇子，一边让我做作业。做完了作业让我做习题，做完了习题让我背英语，背完了英语让我做试卷……所以我那时练就了一身'灵魂出窍'的本领。而现在，我们已经不需要'假装忙碌'了，因为越来越多的公司老总和项目负责人关注结果更甚于关注过程，只要能将任务完成，省下来的时间都是自己的。

　　我发现你我都属于'确实很忙'的人，但是'确实很忙'的人还要分两种：一种是会自我管理的人，另一种人则不会。这两种人忙碌的内容和结果都截然不同：前一种人用20%的时间完成了后一种人用80%的时间才能完成的事情，因此前一种人忙着打发闲暇的时间，后一种人则忙着煮方便面和熬夜。"

第一章　你的时间去哪儿了？

小强升职记：时间管理故事书（升级版）

"……来，老付，你坐这儿吧，我给你倒杯水。你今天可真是反常啊，是不是我哪里做得不好？"小强被老付这莫名其妙的谈话搞糊涂了。

"咱们打个赌怎么样？"老付突然说。

"好啊，怎么个赌法？"

老付和小强打的赌：看看你浪费了多少时间

1. 先在一张纸上写下自己认为分别花费在"集中精力工作""无意义浪费时间""真正的休息"上的比例，比如：50%、30%、20%。

2. 在纸上写下自己对"集中精力工作""无意义浪费时间""真正的休息"的描述。

   a) 集中精力工作：心无杂念；进入忘我状态；效率很高。

   b) 无意义浪费时间：打开浏览器漫无目的地乱逛；各种纠结；在办公室侃大山；无法集中精力；烦躁不安。

   c) 真正的休息：打个小盹；到楼下散步。

3. 连续5个工作日，每隔一小时记录下自己究竟处于哪个状态，从早晨8点开始到晚上21点结束。

4. 周六上午统计在过去的70小时中，三种状态所占的时间比例（使用后面的时间统计表更方便）。

第一章 你的时间去哪儿了？

时间统计表

■ — 集中精力工作
■ — 无意义浪费时间
■ — 真正的休息

（在对应的色块里打上钩，最后做出统计）

	星期一	星期二	星期三	星期四	星期五
AM:08					
09					
10					
11					
12					
13					
14					
15					
16					
17					
18					
19					
20					
21					

数一数：集中精力工作 _____ 小时

无意义浪费时间 _____ 小时

真正的休息 _____ 小时

小强升职记：时间管理故事书（升级版）

"你觉得你的比例会是多少？"

"嗯，我觉得差不多也就是50%、30%、20%。"小强说。

"我赌你'无意义浪费时间'在70%以上！"老付很自信地说。

"不可能吧，这和我预期的30%相差也太远了！——好，我赌！"

"那咱们击掌为誓！"老付扬起了手。

"啪！"一个响亮的击掌。

认识时间黑洞

一周后，大清早刚上班，小强就闯进老付的办公室兴奋地说："老付，你真行，你赢了！"老付笑着说："不急，不急，你说什么东西我赢了？"

"我……浪费时间……70%以上……"

"你赌输了，怎么还这么兴奋啊？"

"这说明我的工作效率还可以提高3倍以上，这样我就会有更多的时间去享受生活了！你说我能不兴奋吗？"

"让我先看看你的统计结果。"

第一章 你的时间去哪儿了？

小强的统计结果

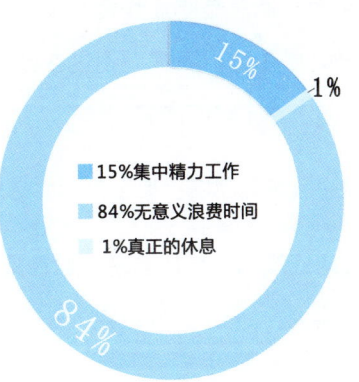

"确实惨不忍睹，呵呵。不过，你有没有想过，你浪费掉的那些时间究竟跑到哪里去了呢？要拯救你的这些时间，必须重新找到它们。"老付说。

"这个我确实没有想过，它们应该是……消失了吧？"

"你的时间被吸入'时间黑洞'里。"

"时——间——黑——洞？"

"时间黑洞，顾名思义，它会永无止境地吞噬你宝贵的时间。这绝非耸人听闻，它是确实存在的，你仔细想想看。

比如说，下午和老婆去超市，想买点水果，估计最多20分钟搞定。走进超市的时候就在想，买什么水果呢？看了看苹果，不错——哇，那里香蕉在打折耶！怎么办呢？先拿个购物篮吧，装

小强升职记：时间管理故事书（升级版）

进了香蕉和一些苹果之后，发现苹果旁边还在卖进口的果酱，看起来蛮不错的，早晨不能总是吃油炸食品嘛，不如从明天早晨开始烤面包、夹果酱、喝牛奶，呵呵。不过在此之前先把购物篮换成购物车吧……这是'超市时间黑洞'。"

"你说的不就是我嘛，呵呵。"小强不好意思地笑笑。

"还有'电视时间黑洞'。比如说，你在家看了整整1小时的报表，打算休息一会儿，于是打开电视。哇，运气不错，正在演精彩的连续剧，虽然看过无数遍了，但是每一遍都不能错过。看完之后习惯性地按到体育台，居然是中国队亚洲杯的小组赛，虽然中国男足不怎么样，但是身为中国人还是一定要支持的……等看完的时候已经是23点多，结果工作了1小时，休息了5小时。

我们现在遇到最多的就是'网络时间黑洞'。早晨刚刚坐到办公室，水倒好、电脑打开，可以开始一天的工作了，不过别着急，先打开QQ和微信看看谁在，喔，一个在上海的老同学刚上线，不聊聊怎么行？对方发过来一篇文章的链接，是关于最新电影的评论，看完之后网页下面的"相关新闻"里有女主角最新的绯闻，看完之后立即在网上寻找这部电影的下载地址，在等待下载的过程中刷刷微博……结果等再次想到工作的时候已经到了午饭时间。

这些都是典型的例子，它们共同的特点是提供很多相互关联的信息吸引我们的注意力，使消耗的时间在不知不觉中膨胀。我

第一章 你的时间去哪儿了？

们一开始是出于非常单纯并且单一的目的逛超市、看电视、找资料，而最终却花费了大量的时间，就像开始拉着一根绳子，最终却拉出一头大象。"

"哎呀，老付，你说得太有道理了！可不就是这样嘛！——那你能不能告诉我，时间黑洞是怎么产生的呢？"

"时间黑洞的产生源于大脑喜欢做简单事情的特点，刷朋友圈和写报告哪个更简单？当然是刷朋友圈，所以大脑就会倾向于刷朋友圈，如果你能对比一下陷入时间黑洞里做的事情和平时做的事情，就会发现这一点。"老付一边说，一边在打废的A4纸背面写写画画。

小强升职记：时间管理故事书（升级版）

"那你的意思是说，因为我做事情不够主动，不愿走出舒适区，所以很容易陷入时间黑洞，从而浪费生命，是这样吗？"

"小强啊，孺子可教！"

"嘿嘿，一般一般，世界第三。王总第一，你第二，我第三，呵呵……"

"我怎么才排第二啊？你看看你，说错话了吧？作为惩罚，我要再给你布置个作业。"

"好啊，好啊，你肯给我布置作业，说明老付你看得起我小强，呵呵。放马过来吧，什么作业？"

"其实很简单，就是按照下面的流程记录下自己的工作情况。"

老付给小强布置的作业：记录自己一天的工作情况

1. 每隔一小时写出下一小时计划做的事情。
2. 一小时结束之后记录下结果。
3. 坚持一整天。

第一章 你的时间去哪儿了?

时 间	预期结果	实际结果	是否达到预期

这时老付桌上的手机响起了"嘀嘀嘀……"的急促铃声。

"你的手机铃声也太难听了吧?"

"这是倒计时器,要那么好听的铃声干嘛?"

"倒计时器?"小强显然被这个字眼搞糊涂了。

"以后有机会再和你详聊这个,我现在还有点事情要处理。如果你愿意的话,咱们每天下午下班后找一小时的时间聊聊,怎么样？"

"求之不得。不过，我还得问一句，为什么是我？"这是最近一直在小强脑袋里的问题，他开始以为是老付对自己的工作效率不满意，不过很快就否定了，因为这明显是引导，而不是批评或者培训，那么究竟是为什么呢？小强决定先把这个问题搁在一边，反正没有什么损失，就先投入进去吧！

二、如何记录和分析时间日志？

"老付，早晨我还有个重要问题没来得及问：我怎么才能找到自己的时间黑洞，然后避开它呢？"下班后，小强推开老付办公室的门问。

"你呀，还真是个急性子。"老付放下了手头的工作。"人生没有下脚料，每一段时间的运用都有它自己的意义，但我认为有主动时间和被动时间之分，做事之前有预期，并且追求预期的结果，这就是主动运用时间，否则就是被动运用时间，而时间黑洞就是指被动时间的集合。所以，揪出时间黑洞的最好方法，就是认真完成我早晨留给你的作业，怎么样？拿来我看看。"

第一章　你的时间去哪儿了？

小强的作业

时 间	预期结果	实际结果	是否达到预期
8:30-9:30	检查、回复邮件	清空收件箱	✓
9:30-10:30	完成项目计划书	上网QQ聊天	✗
10:30-11:30	完成项目计划书	刚开始写被拉去开会	✗
11:30-12:30	完成会议纪要	和同事聊天没有完成	✗
13:30-14:00	完成会议纪要	完成会议纪要	✓
14:30-15:30	完成项目计划书	淘宝网上购买衣服	✗
15:30-16:30	修复路由器故障	修复路由器故障	✓
16:30-17:30	分析客户投诉找对策	检查、回复邮件	✗

"让我们一起分析一下吧，来，搬个凳子，坐这儿。从你的作业里，我们可以看出你在这一天内应该完成的事情共有5件：

1. 检查、回复邮件。
2. 完成项目计划书。
3. 完成会议纪要。
4. 修复路由器故障。
5. 分析客户投诉并找对策。

其中：

1. 按计划完成了2件（检查、回复邮件；修复路由器故障）；
2. 延时完成了1件（完成会议纪要）；

3. 没有完成2件（完成项目计划书；分析客户投诉并找对策）。

按计划完成的原因是：清空收件箱已经是一个习惯，因此能按计划完成；修复路由器故障是因为非常重要而且紧迫，不修复全公司就不能上网。

延时完成的原因是：和同事闲聊，使注意力转移，无法集中精力完成会议纪要，原本只需要40分钟时间，实际用了2小时。

没有完成的原因是：1.上网聊天和上淘宝买衣服，占用了大部分时间；2.临时开会，打乱了计划。"

"哇，老付，我太崇拜你了！经你这么一分析，我的思路感觉一下子就清晰了，今天算是体会到了什么叫醍醐灌顶。"

"你先别得意，这只是对今天活动的一个简单记录和分析，我们的目标是找到你每天的'**高效时段**'。"

"嗯，我确实有那样的感觉。有的时候好像突然变得效率很高，像是拧紧了发条；有的时候又莫名其妙地很烦躁，什么都不想做，什么都做不进去。"

"时间黑洞是由时间块聚集而成的，这有点像滚雪球，一点一点的雪聚集起来就形成了气势逼人的大雪球。或许你对写报告时聊3分钟QQ不以为然，但是我要告诉你，曾经有人做过这样的实验：当你的注意力被打断之后，如果想要重新集中注意力至少需要15分钟；如果你的思路被打断的话，那么你可能与iPad这样

第一章 你的时间去哪儿了？

的伟大创意擦肩而过。时间黑洞不仅将'被动时间'吞噬，还将'主动时间'破坏。这样吧，在找到你的高效时段之前，我先给你一些建议，可以帮助你尽量避开时间黑洞。你将它们写在便签上，贴在办公区域的醒目位置，对你工作效率的提高会非常有帮助。"

"这一定是锦囊妙计啊！我先去试试灵不灵，呵呵。"

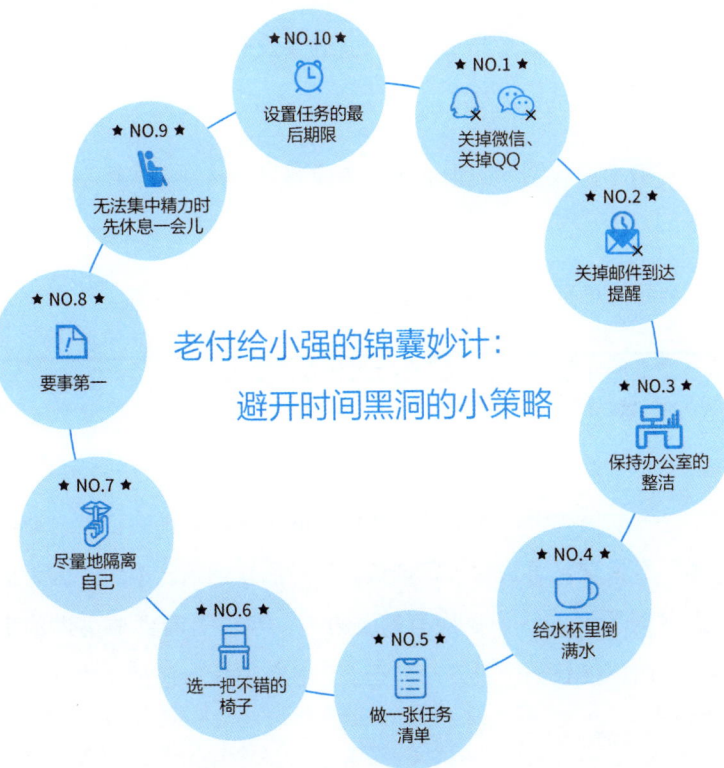

小强升职记：时间管理故事书（升级版）

7月2日下班后，老付和小强又凑到了一起。老付瞅着小强格挡上写着"锦囊妙计"的便签问道："觉得我的几个小建议怎么样？"

"好啊，好得不得了。"

"还要不要打赌？我赌你绝对没有100%按照上面的建议去做。"

"这个……还是算了吧……我确实没有全部做到……老付，什么都瞒不过你。"

"瞒不过我的原因很简单，因为我也是从你这个阶段一步步过来的。"

"那意思是我也有可能成为你这样的效率专家？"

"不但非常有可能，而且会比我做得更出色。"

"有你的一半就行了，呵呵。"

"一般情况下，人们看到我前面的那些建议都会说：'嗯，不错，有道理，有机会一定试试。'然后就烟消云散了。因为他们对时间黑洞的认识还没有触及内心，也没有看到血淋淋的事实。我向你推荐一个避开时间黑洞、找到高效时段的法宝——时间日志。

要管理时间，得先知道它是怎么花出去的。时间日志就像是

第一章　你的时间去哪儿了？

我们记录自己的支出一样，忠实地记录我们的时间都花费在什么地方。据我的使用经验来看，记录时间日志有下面几个好处：

◎ 提醒你珍惜时间；

◎ 分析自己时间的投入与产出；

◎ 找到你的最高效时间段。

'分析自己时间的投入与产出'的内容我们以后再聊，在这里，我们先来聊聊'找到你的最高效时间段'的话题吧。像你这样上班不久的人一般都具有下面的几个特点。

1. 工作从勤杂工开始。一般新人都是被重点'照顾'的对象，收发传真、跑腿办事、编写文档等，都是对新人的考察。

2. 炸弹隐藏在琐事中。作为新人来讲，你的一举一动都被所有人看在眼里，他们不会告诉你该怎么做，只是把一堆任务交给你，然后观察你的表现。这些琐事里面总会有一件或者两件非常重要的事情，如果你没有找出它们并且搞定它们的话，充其量也只能算作'勤杂工'，别忘了你背后的那双眼睛。

3. 忙碌而且盲目。绝大多数新人都是非常辛苦地做好自己的分内工作，但是为什么只有少数人能够迅速得到提升？因为他们边低头工作，边盯着远处！"

小强升职记：时间管理故事书（升级版）

"说得太到位了！老付，我就老被你盯着，呵呵。"

"所有的这些都是对你时间管理技能的考验，这是职场的一种'潜规则'。其实我们只要有自己的一套处理日常事务的方法，不管这个方法是什么，都会让我们的人生变得高效和井井有条。拿我自己的方法来说吧，其实我处理任何工作事务都只有四步。"

老付工作四步法

第一步：将所有的任务放入工作篮，不论是谁在什么时候交给我的任务，统统放进工作篮。

第二步：将可以置之不理的任务清除掉；将必须在某天处理或者必须转交别人处理的任务拿出来；将那些可以在两分钟之内

第一章　你的时间去哪儿了？

完成的任务立即完成。

第三步：将需要在特定日期处理的事情写进日程表；将需要别人处理的事情立即转交并且设置到期提醒；将需要现在处理的事情摆在办公桌上。

第四步：在自己最高效的时段，做最重要的事情；其他的事情也做合理安排。

"OK，就这么简单！小强，你知道接下来我们该做什么吗？"

"找到自己的高效时段！"

"完全正确。我相信很多人都不清楚自己最高效的时段是什么时候。不要相信自己的感觉，要相信数据，相信记录。我又要给你布置作业了，还是用一周的时间，请如实填写这份时间日志。"

"没问题！"

小强升职记：时间管理故事书（升级版）

时间日志

年　月　日

不定时任务

AM:08

09

10

11

PM:12

13

14

15

16

17

在小强的公众平台回复**时间日志牛人**，我给你推荐一位写了56年时间日志的牛人，以及与他相关的书。

第一章　你的时间去哪儿了？

一周后，小强拿着五张时间日志表格去了老付的办公室说道："老付，这是我五天的时间日志，你看看。"

"不好意思，我现在有点事，咱们老时间讨论，好吗？"

"嗯……好吧。"小强悻悻地退了出去，一边琢磨着：这也是他时间管理的方法之一？果断拒绝？看来要向老付学习的东西太多了。

好不容易熬到了下班，小强迫不及待地跑来问老付："早晨你在忙什么啊？"

"哦，实在不好意思，你进门的时候正是我处理来访电话以及需要拨打电话的时间段，别介意啊。"

"没什么，没什么，我又学到了一招，呵呵。"

"还是来看看你的时间日志吧。"

小强升职记：时间管理故事书（升级版）

小强一周的时间日志

	星期一	星期二	星期三	星期四	星期五
8:00	检查、回复邮件，早饭	检查、回复邮件，早饭	写开发计划		检查、回复邮件，早饭
8:30	写需求说明书	尝试解决客户问题，安抚对方对服务的投诉		和项目经理还有同事沟通项目计划	写代码以及概要设计说明书
9:00			制作项目汇报PPT		
9:30					
10:00	上Sohu，看新闻，检查邮件		开会评审项目		项目会议
10:30		上网查资料、和同事探讨技术问题	整理会议记录		检查、回复邮件
11:00	聊天		上网看新闻，收邮件	给客户打电话，道歉，并请客户吃饭	
11:30	吃午饭		吃午饭		吃午饭
12:00	小睡	相亲，吃午饭	小睡		小睡
12:30					
13:00					
13:30				回办公室和同事发牢骚聊天	
14:00	开会	和同事聊房价的话题	被老总拉去训话		帮助同事解决技术问题
14:30		打印明天的项目会议资料	痛定思痛，立即与客户电话沟通	给老总汇报工作	找经理签字，并做短暂沟通
15:00	检查、回复邮件				
15:30	和项目经理沟通，忘记解决客户提出的问题	检查、回复邮件	写代码，检查邮件	心情不好，网上聊天，检查邮件	
16:00					和市场人员沟通产品新版本的功能
16:30	检查邮件，写另外一个项目的代码	边听歌，边写项目文档		检查、回复邮件	
17:00			看新闻、聊天		
17:30		聊天、打印资料等		写自己的Blog	
18:00	和同事聊天准备下班				

24

第一章　你的时间去哪儿了？

"通过你的时间日志，我们可以很直观地发现几个事实：

◎ 你的高效时段产生在早晨的8点到10点之间，大部分的产出都在这个时段；

◎ 很多时间花在收邮件、聊天还有弥补周一的工作失误上；

◎ 虽然尽职尽责地写代码、写文档、做项目汇报，但是仍然会被客户投诉，被老总训斥，说明你没有抓住重点，对客户的问题不重视；

◎ 在逛网店、刷朋友圈、回微信的过程中很多事情被拖延了。

如果你能在周一就处理好客户问题的话，后面的客户发怒和老总训斥就不会发生；如果你能腾出一些时间和技术高手多进行一些深入交流的话，你的经验将更加丰富；如果你能利用下午的时间好好地列出手头各个项目的进度，那你就比现在更有掌控感。"

"……"小强这会儿已经听呆了，停顿一下才说："我现在才知道，我的日子过得有多浑浑噩噩，所以才把工作做得一团糟，真是惭愧……我一定要好好跟你学学。你快告诉我，有哪些方法能够帮助我提高工作效率。"

"这个问题一言难尽，简单地说，你需要学习时间管理。"

"哦……"小强若有所悟地说，他确实觉得自己在利用时间方面太随意，想起什么就做什么，所以很容易浪费时间，做事情

的效果也不好,"就是像老板管理员工一样,把自己的所有时间都管理起来,让它们高效运转,是吗?"

"提高效率只是时间管理的一个方面。你想想,如果你在一条错误的路上跑得很快,那会怎样?"

"会离目标越来越远——我明白了,不仅要效率高,还要方向正确才行。"

"对。水流的方向是由渠道决定的;没有渠道的水只会向四面八方渗透,然后渐渐消失在土地之中,永远也到不了大海。时间也是一样,如果没有重点地使用,它会消失于无形。我们学习时间管理正是为了聚焦于自己的渠道,让时间的涓涓细流流向我们想让它去的地方。"

"听起来有点深奥,但我很感兴趣。"

"其实也不是那么难,以后我慢慢给你讲你就明白了。"

"谢谢你,老付,让我有一种开始新生活的感觉!"小强坚定地说。

"加油吧,我会尽我所能支持你!"老付笑着说。

"哦,对了,我可以先教你一些提高工作效率的小技巧,你先试试。"过了一会儿,老付突然想起来。

"好啊好啊!洗耳恭听。"小强充满期待地说。

第一章 你的时间去哪儿了？

老付的话：提高工作效率的技巧

1. 找出重要的事情在高效时段内完成。每天早晨别一上班就急着投入工作，先看看今天工作的重点是什么，哪些事情是重要并且紧迫的。将这些事情安排在你的高效时段完成。

2. 回顾你需要发布或者呈送给上司的资料。我们不可能第一次就把事情做到尽善尽美，自己编写的材料就是自己的名片，在这上面不要吝啬时间，或许它们能让别人对你刮目相看。

3. 同样情境解决的事情批次处理，比如说要打电话的时候，把所有电话一次打完，要出去的时候把所有外出的事情一次处理完，要跟老板沟通的时候，把所有需要沟通的事情一次沟通完，这样做能减少你做这件事的内心阻力，借着惯性就把不愿意做的事情处理掉了。

4. 减少检查邮件的次数。每天两次足够了，并且应该注意，往往在上网聊天或者无所事事的时候就会"习惯性"地检查邮件，因此，应该找些事做来分散自己的注意力。

5. 能休息的时候尽量休息：有午休时间的人是幸运的。一般情况下，在休息时间我会设置一个闹铃，时间定为半小时，在这半小时中脑子里什么都不想，好好地放松一下。这非常有利于精力的恢复。

小强升职记：时间管理故事书（升级版）

"太感谢你了，老付！我先记下来，从明天开始，我就按照你说的办，我一定要改变效率低下的现状！"

小强利用老付教给他的方法，给自己的一天规划了几个时段，他规定自己一定要按照这个准则来度过每个工作日。结果发现这方法确实管用，让他可以随时掌握自己一个小时之前做了什么，现在正在做什么，一会儿应该做什么。这样一来，他感觉头脑清晰多了，工作效率也提高了一些。下面是小强的每日时间段规划。

时间日志

年　月　日

不定时任务	
AM:08	杂事时段：检查、回复邮件，打开QQ、微信 沟通时段：浏览新闻，与同事沟通
09	工作时段：关闭所有聊天工具和浏览器，从工作篮挑出一项工作并完成
10	电话时段：将所有需要打的电话在这个时段一次打完 工作时段：重新集中精力，完成工作任务
11	
PM:12	午饭、午休
13	
14	客户关系及会议时段：拜访客户，开会
15	
16	杂事时段：写报告，向领导汇报工作
17	思考时段：找个地方思考下一步工作和个人的发展

当然，以上时段的划分只是相对的。比如说，9:00—10:00应该是工作时段，但如果这段时间内有其他事情的打扰，怎么办呢？也就是说，如何处理临时突发事件呢？小强没有想明白，他打算以后找个时间请教下老付。

三、如何找到自己的价值观？

以前小强最讨厌见的人就是老付，倒不是对老付本人有什么成见，主要是每次见到老付时他总会询问项目进展情况啦、布置新的任务啦，让小强觉得很烦。用小强自己的话说就是："整天跟催命鬼似的，感觉上辈子欠他的一样。"

现在的小强却成了老付的"粉丝"，心里对老付崇拜得五体投地。但是白天在办公室他还不敢太张扬，那感觉就像是自己有个宝贝，想要告诉所有人，但又怕有人将自己的宝贝抢走一样。

两周前，老付帮他找到时间黑洞和高效时段之后，就出差去了上海。在这段时间内，小强通过记录时间日志，不断优化自己的时间安排，但是有一个问题还是令他非常迷惑：如何将最重要的事安排在自己的最高效时段。其实这个问题的关键就是：什么是最重要的事？小强等不及老付回来就给他发了一封邮件，内容只有一行字：

最高效的时段应安排最重要的事，但什么才是最重要的事？

小强升职记：时间管理故事书（升级版）

在第二天早晨9点，小强收到了老付的回信——这是老付的处理邮件时段——也只有一行字：

你的价值观是什么？

小强看后一下子懵了：什么是价值观？虽然经常有人提起三观：人生观、价值观、世界观，但它们具体指什么，还真的不知道。于是他赶紧上网搜索。

所谓价值观是指一个人对周围的客观事物（包括人、事、物）的意义、重要性的总评价和总看法。

"这样看来，需要先找到自己的价值观，然后才能根据价值观对人、事、物做出评估，最后才能决定什么是最重要的事。但是我的价值观究竟是什么呢？我平时是以什么为标准来评判事情对我是不是重要，以及哪件事情更加重要的呢？糟糕，我以前一定是有一个标准的，但现在我怎么忘得一干二净了呢？不行，还是写封邮件问问老付吧。"小强下班后没有离开办公室。即使老付不在，他仍然将这个时间段留给自己去思考关于"成长"的问题。

价值观没有对错

仍然是第二天一大早，老付的邮件如约而至。

第一章　你的时间去哪儿了？

Hi，小强：

你的记忆力并没有问题，你不用为此感到难堪，因为价值观不在你的记忆系统里，它在你的经验中。我们要做的，也不是从你的记忆中苦苦搜索，而是从你的经验中去提炼。你让我想到了一个故事：有一个老人，留着一把花白的大胡子。有一天，邻家小孩问他，你这么长的胡子，晚上睡觉的时候，是把它放在被子里面呢，还是放在被子外面呢？老人竟一时答不上来。晚上睡觉的时候，老人想起了小孩问他的话。他先把胡子放在被子外面，感觉很不舒服；他又把胡子拿到被子里面，仍然觉得很难受。就这样，老人一会儿把胡子拿出来，一会儿又把胡子放进去，折腾了一个晚上，他始终想不出来过去睡觉的时候胡子是怎么放的。

你虽然说不出来自己的价值观是什么，但是过去你的的确确是按照自己的价值观进行评估和取舍的，就如仓央嘉措的一句诗"你爱，或者不爱我/爱就在那里/不增不减"，所以你不要着急，我会和你一起提炼的。

价值观就像我刚才说过的那样没有对错之分，每个人在自己的人生路上都有自己的走法。

第一种人，拿着地图走路，这样的人喜欢在做一件事情之前先做好详细的计划，然后按照自己的计划去办事。

第二种人，看着路牌走路，这样的人喜欢走一步看一步，每到一个十字路口，都要选择一次方向，最终走向哪里，自己都不知道。

第三种人，顺着方向走路，这样的人只选择一个大方向，然后就朝着这个方向努力，架桥过河，披荆斩棘，靠一个信念坚定地走下去。

你能说哪一种走法是错的吗？建筑设计师是第一种人，科研人员是第二种人，创业者是第三种人。问题是，你是哪种人？你愿意做哪种人？

小强看到老付的邮件后思考了很久。他现在太需要一位人生导师了，工作以来，整天都是浑浑噩噩的。到底自己追求的是什么？每天工作是为了什么？什么样的人生才有意义？小强第一次站在一个更高的位置上审视自己，第一次思考关于人生规划、职业规划的问题，好在他还有老付，这个拉着他向前走的老付。

小强立刻写了一封感情真切的邮件给老付，请求分享他的价值观。

如何找到自己的职业价值观

老付的回复：

通过你的邮件我看到你已经在思考个人价值了，这非常不错。每一个在职场上成功的人，都是与自己竞赛的胜利者，都是职业生涯的规划者，都是人生规划的实践者。既然你要我分享自己的价值观，那好，我就和你分享一下我的职业价值观，它是价值观在工作中的具体体现。

第一章 你的时间去哪儿了？

1. 管理：工作的目的和价值在于获得对他人或某事物的管理支配权，能指挥和调遣一定范围内的人或事物。

2. 成就感：工作的目的和价值在于不断创新，不断取得成就，不断得到领导与同事的赞扬，或不断实现自己想要做的事。

3. 社会交际：工作的目的和价值在于能和各种人交往，建立比较广泛的社会联系和关系，甚至能和知名人物结识。

当我找到了自己的职业价值观之后，在处理工作中的事务时就得心应手多了，比如有这么两件事情同时向我扑来，我如何决定它们的优先级呢？一件事情是解决一个公司所有人都没有办法搞定的技术难题，另一件事情是主持一个新项目的管理工作。如果按照我现在的价值观来看，管理肯定是在第一位的，因此我会选择主持新的项目；如果放到10年前，那时候我的价值观和现在不一样，我会更加注重成就感，因此我会充满激情地投入到技术攻关中去。你从这个小例子中得到什么启示了吗？

小强看后心领神会，于是给老付回信。

你是想告诉我：价值观是有可能由于经验的积累、环境的变更而不断调整的，对吗？我很羡慕你有这么明确的职业价值观，我的价值观还在和我捉迷藏，你能帮我找到自己的职业价值观吗？

小强升职记：时间管理故事书（升级版）

第二天一早，老付的邮件如约而至。

其实想找出自己的价值观并非难事，我自己的价值观也是根据一份《职业价值观自测量表》得来的，我把它转发给你，当你完成这份测量表的时候，你的价值观也就展现在你的面前了。

职业价值观自测量表

说明：下面有52道题目，每个题目都有5个备选答案，请根据自己的实际情况或想法，在题目后面圈出相应分值，每题只能选择一个答案。通过测验，你可以大致了解自己的职业价值观倾向。

- 5——非常重要 ● 4——比较重要 ● 3——一般
- 2——较不重要 ● 1——很不重要

在线测试

题号	题目	重要程度				
1.	你的工作必须经常解决新的问题。	5	4	3	2	1
2.	你的工作能为社会福利带来看得见的效果。	5	4	3	2	1
3.	你的工作奖金很高。	5	4	3	2	1
4.	你的工作内容经常变换。	5	4	3	2	1
5.	你能在你的工作范围内自由发挥。	5	4	3	2	1
6.	工作能使你的同学、朋友非常羡慕你。	5	4	3	2	1
7.	工作带有艺术性。	5	4	3	2	1
8.	你的工作能使人感觉到你是团体中的一份子。	5	4	3	2	1

第一章 你的时间去哪儿了？

题号	题目	重要程度				
9	不论你怎么干，你总能和大多数人一样晋级和涨工资。	5	4	3	2	1
10	你的工作使你有可能经常变换工作地点、场所或方式。	5	4	3	2	1
11	在工作中你能接触到各种不同的人。	5	4	3	2	1
12	你的工作上下班时间比较随便、自由。	5	4	3	2	1
13	你的工作使你不断获得成功的感觉。	5	4	3	2	1
14	你的工作赋予你高于别人的权力。	5	4	3	2	1
15	在工作中，你能试行一些自己的新想法。	5	4	3	2	1
16	在工作中你不会因为身体或能力等因素，被人瞧不起。	5	4	3	2	1
17	你能从工作的成果中，知道自己做得不错。	5	4	3	2	1
18	你的工作经常要外出，参加各种集会和活动。	5	4	3	2	1
19	只要你干上这份工作，就不再被调到其他意想不到的单位和工种上去。	5	4	3	2	1
20	你的工作能使世界更美丽。	5	4	3	2	1
21	在你的工作中，不会有人常来打扰你。	5	4	3	2	1
22	只要努力，你的工资会高于其他同年龄的人，升级或涨工资的可能性比干其他工作大得多。	5	4	3	2	1
23	你的工作是一项对智力的挑战。	5	4	3	2	1
24	你的工作要求你把一些事物管理得井井有条。	5	4	3	2	1
25	你的工作单位有舒适的休息室、更衣室、浴室及其他设备。	5	4	3	2	1
26	你的工作让你有可能结识各行各业的知名人物。	5	4	3	2	1
27	在你的工作中，能和同事建立良好的关系。	5	4	3	2	1
28	在别人眼中，你的工作是很重要的。	5	4	3	2	1

题号	题目	重要程度				
29	在工作中你经常接触到新鲜的事物。	5	4	3	2	1
30	你的工作使你能常常帮助别人。	5	4	3	2	1
31	你在工作单位中，有可能经常变换工作。	5	4	3	2	1
32	你的作风使你被别人尊重。	5	4	3	2	1
33	同事和领导人品较好，相处比较随便。	5	4	3	2	1
34	你的工作会使许多人认识你。	5	4	3	2	1
35	你的工作场所很好，比如有适度的灯光，安静、清洁的工作环境，甚至恒温、恒湿等优越的条件。	5	4	3	2	1
36	在工作中，你为他人服务，使他人感到很满意，你自己也很高兴。	5	4	3	2	1
37	你的工作需要计划和组织别人的工作。	5	4	3	2	1
38	你的工作需要敏锐的思考。	5	4	3	2	1
39	你的工作可以使你获得较多的额外收入，比如：常发实物、常购买打折的商品、常发商品的提货券、有机会购买进口货等。	5	4	3	2	1
40	在工作中你是不受别人差遣的。	5	4	3	2	1
41	你的工作结果应该是一种艺术而不是一般的产品。	5	4	3	2	1
42	在工作中不必担心会因为所做的事情领导不满意，而受到训斥或经济惩罚。	5	4	3	2	1
43	在你的工作中能和领导有融洽的关系。	5	4	3	2	1
44	你可以看见你努力工作的成果。	5	4	3	2	1
45	在工作中常常要你提出许多新的想法。	5	4	3	2	1
46	由于你的工作，经常有许多人来感谢你。	5	4	3	2	1

第一章 你的时间去哪儿了？

题号	题目		重要程度			
47	你的工作成果常常能得到上级、同事或社会的肯定。	5	4	3	2	1
48	在工作中，你可能做一个负责人，虽然可能只领导很少几个人，你信奉"宁做兵头，不做将尾"的俗语。	5	4	3	2	1
49	你从事的那种工作，经常在报刊、电视中被提到，因而在人们的心目中很有地位。	5	4	3	2	1
50	你的工作有数量可观的夜班费、加班费、保健费或营养费等。	5	4	3	2	1
51	你的工作比较轻松，精神上也不紧张。	5	4	3	2	1
52	你的工作需要和影视、戏剧、音乐、美术、文学等艺术打交道。	5	4	3	2	1

评分与评价

上面的52道题分别代表十三项工作价值观。请你根据下面《评价表》中每一项前面的题号，计算每一项的得分总数，并把它填在每一项的得分栏上。然后在表格下面依次列出得分最高和最低的三项。

小强升职记：时间管理故事书（升级版）

得分	题号	价值观	说明
	2、30 36、46	利他主义	工作的目的和价值，在于直接为大众的幸福和利益尽一份力
	7、20 41、52	美感	工作的目的和价值，在于能不断地追求美的东西，得到美感的享受
	1、23 38、45	智力刺激	工作的目的和价值，在于不断进行智力的操作，动脑思考，学习以及探索新事物，解决新问题
	13、17 44、47	成就感	工作的目的和价值，在于不断创新，不断取得成就，不断得到领导与同事的赞扬，或不断实现自己想要做的事
	5、15 21、40	独立性	工作的目的和价值，在于能充分发挥自己的独立性和主动性，按自己的方式、步调或想法去做，不受他人的干扰
	6、28 32、49	社会地位	工作的目的和价值，在于所从事的工作在人们的心目中有较高的社会地位，从而使自己得到他人的重视与尊敬
	14、24 37、48	管理	工作的目的和价值，在于获得对他人或某事物的管理支配权，能指挥和调遣一定范围内的人或事物
	3、22 39、50	经济报酬	工作的目的和价值，在于获得优厚的报酬，使自己有足够的财力去获得自己想要的东西，使生活过得较为富足
	11、18 26、34	社会交际	工作的目的和价值，在于能和各种人交往，建立比较广泛的社会联系和关系，甚至能和知名人物结识
	9、16 19、42	安全感	不管自己能力怎样，希望在工作中有一个安稳局面，不会因为奖金、涨工资、调动工作或领导训斥等经常提心吊胆、心烦意乱
	12、25 35、51	舒适	希望能将工作作为一种消遣、休息或享受的形式，追求比较舒适、轻松、自由、优越的工作条件和环境
	8、27 33、43	人际关系	希望一起工作的大多数同事和领导人品较好，相处在一起感到愉快、自然，认为这就是很有价值的事，是一种极大的满足
	4、10 29、31	变异性	希望工作的内容应该经常变换，使工作和生活显得丰富多彩，不单调枯燥

得分最高的三项是：1.＿＿＿＿＿＿；2.＿＿＿＿＿＿；3.＿＿＿＿＿＿。

得分最低的三项是：1.＿＿＿＿＿＿；2.＿＿＿＿＿＿；3.＿＿＿＿＿＿。

从得分最高和最低的三项中，可以大致看出你的价值倾向，在工作过程中可以当作评估优先级的标准。

第一章　你的时间去哪儿了？

如果你身边的同事也愿意做这样的职业价值观测试的话，你会发现一个非常奇妙的现象：平常和你关系比较密切的同事，他们得分最高的三项和你是差不多的，关系比较疏远的同事则不然。这说明什么？说明价值观是我们看不见的触角，当你和其他人接触的时候，总是会先用触角感应一下对方是否和你是一类人。当然，对于这些你可能一无所知，但是你确实在这么做！今后在你挑选自己的伙伴或者合作者时，不妨先考虑一下对方的价值观是否和自己相符。

小强，我希望你能明确地把握自己的价值观，因为它是影响你一生的关键因素。在你找出自己的价值观之后，将它们写在一张卡片上，这样就可以不断地巩固、修正它。将卡片放在你抬眼可见的位置，这很重要。

第二章
无压工作术

一、传说中的"四象限法则"

老付终于出差回来了。那是一个万里无云的下午,老付看着小强制作的精美的"价值观卡片"说:"哎哟,看得出你在这玩意儿上下了不少工夫,确实够漂亮的。"

"当然了,看,我的职业价值观。"小强得意地指给老付看。

"很好,那我们今天可以讨论传说中的'四象限法则'了!"

"等等,老付,什么是'四象限法则'?为什么是'传说中的'?"

"呵呵,说它'传说中的',是因为我们身边十个人里有八个人都知道'四象限法则',但是这八个人里没有一个能完全掌握并且很好地应用这个法则。"

"难道我是那两个不幸者中的一个?老付,什么是'四象限法则'啊?"

"没关系,虽然你知道这个法则比别人晚,但是我可以保证你可以比他们更早将这个法则应用到日常工作中。呵呵,所谓'四象限法则',是由著名管理学家史蒂芬·科维(Stephen R. Covey)提出的一个时间管理理论,该理论把事情按照重要和紧急程度划分为四个象限:重要而且紧急、重要但不紧急、不重要但紧急、不重要而且不紧急。我在纸上画给你看。"

第二章 无压工作术

```
重要性
  ↑
  |
  |   二、重要但不紧急      |   一、重要而且紧急
  |                      |
  |----------------------|----------------------
  |                      |
  |   四、不重要而且不紧急  |   三、不重要但紧急
  |                      |
  +---------------------------------→ 紧迫程度
```

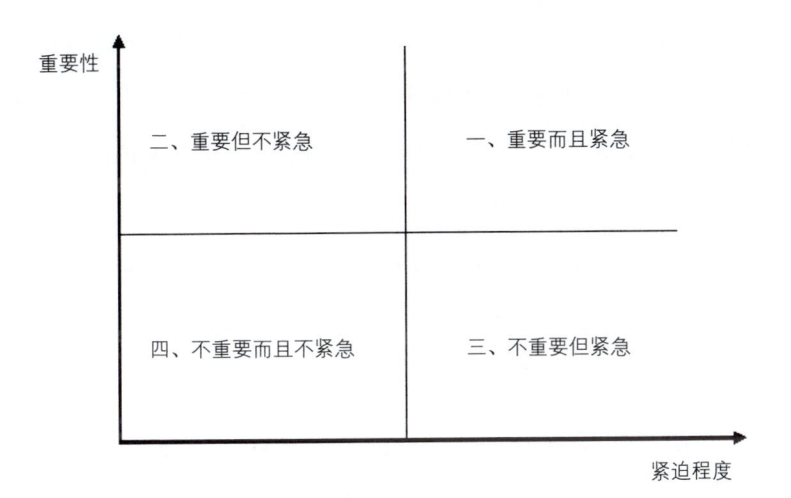

时间管理四象限

那么为什么80%的人在工作中都不能很好地应用这个理论呢？那是因为他们虽然有了这本'武林秘籍'，却不知道要练此功必先打通任督二脉，所以才导致他们无功而返，甚至走火入魔。"

"那我的任督二脉打通了吗？"小强迫不及待地追问。

"早已让老朽打通了，呵呵。"老付捋着下巴上根本不存在的长胡子。

"所谓的'任督二脉'，指的就是如何评估一件事情的重要程度和如何得知一件事情的紧迫程度。还记得吗，在我出差的那段时间里我们一起找到了你的职业价值观，那就是你评估一件事情重要程度的标准，而紧迫程度则是任务的时间底线。80%的人

小强升职记：时间管理故事书（升级版）

之所以在应用这套理论的时候屡屡失败，就是因为他们没有很好地解决这两个问题。那我想问问你，假设你现在把一天的工作都分门别类地放到了这四个象限里，你会将自己的主要精力放在哪个象限上呢？"

"嗯，让我想想，如果是我的话，我会将精力放在第一象限和第三象限上，因为它们都是最迫切需要解决的事情，是要立即去办的。"小强略微思考后说。

"这个答案值得商榷，大部分的低效管理者都被迫选择了和你一样的答案。他们天天在处理火烧眉毛的事情，就像是救火队员一般，那边出事了，就赶紧跑过去应付；这边出事了，又立即赶回来处理。有的竟然还从这'忙碌'中产生了一种'成就感'，真是搞笑。这些事情是需要立即去办的没错，但你要清楚地知道，这些并不是重点。在一个错误的基础上，做再多正确的事情都是没用的。让我们来具体分析一下四个象限吧。"

第一象限：重要而且紧急。举例：处理某媒体对公司的负面报道，为孩子填报高考志愿等。这些事情必须马上去做，否则后果将会非常严重。但是在你立即去做的同时应该思考这样一个问题：真的有那么多重要而且紧急的事情吗？

第二象限：重要但不紧急。举例：编写公司下季度的工作计划，制定家庭的投资理财策略，参加心理咨询师的培训等。这些事情虽然看起来不紧急，但却不能置之不理。如果你现在不重视它，它随时都会发展成重要而且紧急的事情，比如说，你已经发现了儿童牙刷这个细分市场还没有被竞争对手占领，但是你将制定针对这个市场的产品策略放在第二象限迟迟不处理，结果某一天你逛超市的时候发现，哇，竞争对手的儿童牙刷已经投放市场了。那么这个时候，制定产品策略的事情就转移到了第一象限，重要而且紧急。可见，对待这个象限的事情，即使不迫切，也要做一份时间计划表，持续推进。你可以思考这样一个问题：如何避免更多的事情进入令人讨厌的第一象限？

第三象限：不重要但紧急。举例：客户突然打来电话、临时召开会议等。这个象限里的精力开销是相当无奈的，但包括你在内的很多人都会被假象所迷惑，认为'紧急'的就是'重要'的。其实'紧急'和'重要'一点关系都没有。比如客户突然打来的电话，要你修改某个部分的代码，你不要立即去做，而是评估这件事相对于手头其他事情的重要程度，再做决定。在这个象限，我们应该思考这个问题：我们如何尽量减少第三象限的事务？

第四象限：不重要而且不紧急。举例：看无聊的电视节目、一个人闲逛等。这个象限里的事情都是用来打发时间的，仅仅当作前三个象限的调剂的话还说得过去，如果过多地沉迷于这个象限，我们的产出就会大打折扣。在这个象限，我们应该思考这个问题：我们在工作中是否有必要进入这个象限？

小强升职记：时间管理故事书（升级版）

重要性 ↑

二、制定工作规划 　　改进工作效能 　　建立良好的人际关系 思考：如何避免更多的事情进入令人讨厌的第一象限？	一、有期限压力的计划 　　急迫的问题 　　工作危机 思考：真的有那么多重要而且紧急的事情吗？
四、无聊的事 　　盲目的事 思考：我们在工作中是否有必要进入这个象限？	三、不速之客来访 　　闲聊电话 思考：我们如何尽量减少第三象限的事务？

→ 紧迫程度

"前面是我对四个象限的介绍，那现在，小强啊，请你把这周做的所有事情写在这张白纸上。"

"好的，幸亏我每天都做了记录。"小强吐吐舌头。

"你觉得现在可以把它们放入四个象限吗？"老付问。

"好像……有些困难，有点老虎吃天，无处下口的感觉。"

第二章　无压工作术

小强写下的清单

- 01 临时的技术研讨会
- 02 帮助同事解决他写程序时遇到的技术难题
- 03 领导安排写一个项目说明文档
- 04 对产品进行全面的测试
- 05 看《火影忍者》连载漫画
- 06 若干用于通知开会的电话
- 07 编写产品概要设计
- 08 通过网络收看NBA转播
- 09 安抚愤怒的客户
- 10 归档自己的所有重要文件
- 11 和领导一起去做产品推介会
- 12 给办公室领A4打印纸
- 13 已发布的产品出现严重的BUG

"是的，这也是几乎所有人遇到的问题，所以，我们要先对你的清单进行改造。你需要给你的清单多加上几个字段，它们分别是：重要程度、紧迫程度和优先级。具体的做法如下。

改造清单的方法

◎ 先'轻重'，给所有任务以职业价值观为标准标出'重要'或者'不重要'。

◎ 再'缓急'，给所有任务以截止日期为标准标出'紧急'

或者'不紧急'。

◎ 最后按照自己的意愿给所有的任务标出'高''中''低'三种优先级。"

改造后的小强清单

	待办事项	重要程度	紧迫程度	优先级
01	临时的技术研讨会	不重要	紧急	高
02	帮助同事解决他写程序时遇到的技术难题	不重要	紧急	低
03	领导安排写一个项目说明文档	不重要	紧急	中
04	对产品进行全面的测试	重要	不紧急	高
05	看《火影忍者》连载漫画	不重要	不紧急	低
06	若干用于通知开会的电话	不重要	紧急	中
07	编写产品概要设计	重要	不紧急	高
08	通过网络收看NBA转播	不重要	不紧急	中
09	安抚愤怒的客户	重要	紧急	高
10	归档自己的所有重要文件	重要	不紧急	中
11	和领导一起去做产品推介会	不重要	紧急	低
12	给办公室领A4打印纸	不重要	紧急	低
13	已发布的产品出现严重的BUG	重要	紧急	高

将事情放入四个象限

"接下来你就可以将它们放入四个象限了。"

重要性

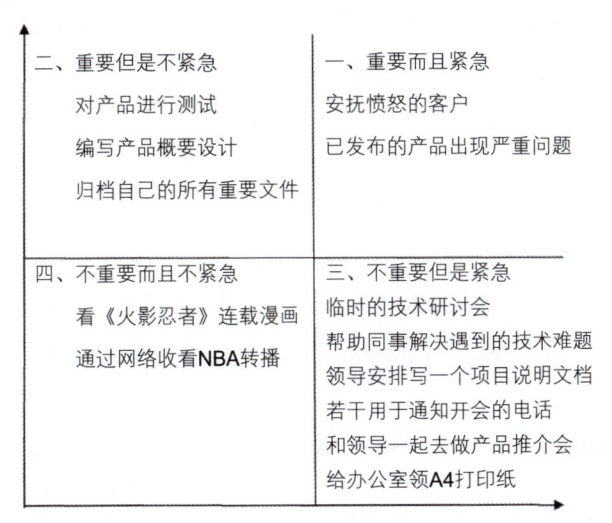

二、重要但是不紧急	一、重要而且紧急
对产品进行测试	安抚愤怒的客户
编写产品概要设计	已发布的产品出现严重问题
归档自己的所有重要文件	
四、不重要而且不紧急	三、不重要但是紧急
看《火影忍者》连载漫画	临时的技术研讨会
通过网络收看NBA转播	帮助同事解决遇到的技术难题
	领导安排写一个项目说明文档
	若干用于通知开会的电话
	和领导一起去做产品推介会
	给办公室领A4打印纸

紧迫程度

"OK，我们将一周的事务放入四象限以后可以很清楚地看到，你平时的工作主要集中在第三象限，这也是你平时工作忙碌但是盲目的原因。我们对待四个象限中的事务应该采取不同的态度和处理方法，我来和你分享一下我处理这些事务的原则。

老付处理四象限事务的原则

第一象限：没什么好说的了，立即去做！我们工作中的主要压力就来自于第一象限，我们生活中的主要危机也来自于第一象

小强升职记：时间管理故事书（升级版）

限。第一象限就是一片雷区，我们进入这个象限的次数越少越好。其实第一象限80%的事务都来自于第二象限没有被很好处理的事务，也就是说这个压力和危机，是自己强加给自己的。举个例子来说，我可能不得不花整整一天的时间去陪重要客户逛街、吃饭、娱乐，就是因为我们产品的问题给客户带来了极大的麻烦，而我必须通过做这件重要而且紧急的事情去安抚客户。

第二象限：有计划去做！我们应该将时间投资于第二象限，不能因为它是不紧急的就不去处理。我们应该在第一时间对它进行任务分解，并且制定时间表；然后我们每次投入很少的时间，就可以完成一项庞大的任务，就像储蓄一样，每天投入1元钱，好像做不了什么事，但是坚持一段时间之后，就可以做成大事。

第三象限：交给别人去做！我们应该清楚地认识到，第三象限的事务是我们忙碌而且盲目的源头。这个象限里的事务最好能放权交给别人去做，如果自己就是基层的执行者怎么办呢？委婉地拒绝！举个例子来说，岳母打电话过来说想下午去逛逛街，这时候，你可以委婉地告诉她你确实想去陪她，可是今天刚好有个会议需要你主持；你可以立即联系你的老婆，让她去陪你岳母逛街，而你通过做晚饭来补偿她。这样你在上班的时间段内就可以将精力集中在重要的工作上了。

第四象限：尽量别去做！这是一个用于缓冲调整的象限。当你疲惫的时候，可以通过做一些不重要而且不紧急的事情来调整一下心态和身体，但是你不能在这个象限里投入自己太多的精力，否则你就是在浪费生命了。举个例子来说，当你身心疲惫的时候，可以和哥们喝酒吃饭、吹牛打闹，这叫劳逸结合、压力释放，但如果你每天都这样觥筹交错，就成不务正业了。"

重要性

二、重要但是不紧急	一、重要而且紧急
处理方法：有计划去做	处理方法：立即去做
饱和后果：忙碌但是不盲目	饱和后果：压力无限增大、危机
原则：集中精力处理，投资于第二象限，做好计划，先紧后松	原则：越少越好，很多第一象限的事情是因为它们在第二象限时没有被很好地处理。
四、不重要而且不紧急	三、不重要但是紧急
处理方法：尽量别去做	处理方法：交给别人去做
饱和后果：浪费生命	饱和后果：忙碌而且盲目
原则：可以当作休养生息，但是一定不能沉溺于这个象限	原则：将你身上的"猴子"扔到别人身上。

紧迫程度

终于轮到小强发言了，他说："老付，你讲得非常有道理，但是我有个问题不明白。"

"什么问题？说来听听。"老付问。

"好像这个'四象限法'和你以前给我说的'时段工作法'相互矛盾啊，我到底应该用哪种方法呢？"

"这个问题问得好，呵呵。那你告诉我，你想练九阳真经啊，还是九阴真经？想从第一层练起呢，还是直接练第九层？"

"嗯……其实九阴真经还是九阳真经都无所谓，只要适合我练就行，我当然想直接练第九层，可是估计还得从第一层练起。"

"是啊，同样的道理，时间管理方法也是一样，最重要的是适合你，其实不管是'四象限法'还是'时段工作法'，用得好了都可以大大提高你的工作效率。问题是，当初因为你对自己的价值观还有时间管理都了解得不深，所以才向你推荐'时段工作法'。现在帮你打通了'任督二脉'，你就可以开始修炼'四象限法'了。更何况，以后还有更高级的时间管理功夫等着你去修炼，呵呵，加油吧！"

"哇，真是充满期待啊！老付，我还有个问题，我现在经常不由自主地将主要精力放在了第三象限和第一象限。走出第一象限的方法你刚才提到了，就是集中精力处理好第二象限的事务。那么，我该如何走出第三象限呢？"

"要走出第三象限，就得依靠'猴子法则'了。"

"猴子法则？"

第二章　无压工作术

应用"猴子法则"走出第三象限

"是的，猴子法则。威廉姆·翁肯（William Oncken）曾经提出一个理论，叫'背上的猴子'。翁肯教授有一次偶然发现，自己在忙于加班的时候，下属竟然在优哉游哉地打高尔夫。这让他突然领悟到，主管人员之所以时间不够用，一个很重要的原因在于没有做好授权分责，将太多本该下属去做的工作招揽到了自己身上，以至于永远在苦苦追赶工作进度。

翁肯教授把那些工作比喻为活蹦乱跳、随时可能跳到你身上的'猴子'，而把他那独特的时间管理理论称为'猴子管理艺术'。

试想一下这样的情况：你在走廊上碰到一位同事，他说：'我遇到麻烦了，能不能和你谈谈？'于是你开始关切地听他讲述。结果这个问题果然很麻烦，你听了半个小时才弄清楚是怎么回事，而且还没法立刻给出建议，于是你说：'这个问题很复杂，我现在没有时间和你讨论，让我仔细想想，回头咱们再谈谈。'

让我们用猴子理论来分析一下这个过程。首先，你和同事在走廊上偶遇之前，谁的背上有猴子？显然，是同事的背上。猴子不在你的背上，你甚至不知道有这只猴子存在。接着，你开始倾听同事的讲述，这时同事背上的猴子悄悄向你的背上跨过来一只脚。然后，听完同事的讲述，你表示要仔细想想再和同事讨论。

这时,猴子便完全转移到了你背上。你接过了同事背上的猴子,而同事则变成了监督者。此后,他会不时跑来问你:'那件事你考虑得怎么样了?''我们什么时候再谈谈?'……

我们虽然应该帮助遇到困难的同事,但是也应该避免这样的情况:让他们把你当作他们自己的猴子的收容站,你收的愈多,他们给的愈多,到最后你被堆积如山的别人的问题所困扰,甚至没有时间照顾自己的猴子。你将一些并非自己职责的事情做得很有效率,可这值得你沾沾自喜吗?你自己的事情完成得怎么样呢?这就是猴子法则,应用它的前提是你要明确自己的责任边界。"

"噢——,听起来很有意思,也很有道理哎。"小强若有所悟地说。

第二章　无压工作术

"我们来做一个练习，看看你能否顺利地甩掉自己身上的猴子。"老付说着拿出一张纸在上面写了几个问题。

猴子法则练习题

?老板问
> 关于水利系统软件的那个项目，想和你谈一谈。

☞你回答：
_____
_____

?下属问
> 我们怎么解决项目预算超支的问题？

☞你回答：
_____
_____

?同事问
> 我什么时候能拿到这个软件的操作说明书？

☞你回答：
_____
_____

?老婆问
> 明天下午能否和我一起逛街？

☞你回答：
_____
_____

?朋友问
> 这周六咱们一起去打羽毛球吧？

☞你回答：
_____
_____

?父母问
> 家里的空调坏了，换一个新的吧？

☞你回答：
_____
_____

"这些问题没有标准的答案，只有答案的标准，这个标准是：甩掉自己身上的猴子，或者将猴子放回到他的主人身上。"老付写完后说。

小强升职记：时间管理故事书（升级版）

"这一招太强了！我经常都是猴子饲养员。现在，我来试试甩掉身上的猴子。"小强说完埋头写了起来。

小强的答案

老板问：关于水利系统软件的那个项目，想和你谈一谈。

你回答：好的老板，不过能否请你先发给我一份关于水利系统软件的资料？

下属问：我们怎么解决项目预算超支的问题？

你回答：你有什么想法？能不能先请你做一个删减成本的计划案？

同事问：我什么时候能拿到这个软件的操作说明书？

你回答：我已经让××去做了，他会直接发给你。

老婆问：明天下午能否和我一起逛街？

你回答：老婆，下个月结婚纪念日的时候我陪你逛一整天，好吗？

朋友问：这周六咱们一起去打羽毛球吧？

你回答：好啊，到时候你给我打电话，有时间我一定去。

父母问：家里的空调坏了，换一个新的吧？

你回答：行啊，你们选好喜欢的品牌和款式，到时候我去买。

第二章　无压工作术

"真不敢相信,光这样纸上谈兵我都感觉到身上的压力减轻了。我想,有了这个绝招,我一定可以走出第三象限的陷阱。"小强高兴地说。

"你答得很不错,看来你差不多已经掌握'猴子法则'了,这样你一定可以走出第三象限。最后再**啰唆**一句:使用'猴子法则'有两个重点:1. 明确职责,确定这只猴子不是你的;2. 注意沟通方式,明确、坚决、不生硬。"老付赞许地说。

"我突然又想到一个问题,如果经理们非要把他们的猴子甩给我,我怎么办呢?"小强挠着头说。

"那就一定要沟通清楚他对这件事的想法,还有预期的结果,不要不明不白地就接下来。"

"哦……这样啊,明白了!"

第二象限工作法

"明白就好,那小强,我们的下一个问题是:如何走入第二象限?第二象限工作法是四象限的核心和最终目的,此前我们已经达成了几点共识。

四象限法小结

◎ 我们根据自己的职业价值观评估某件事务的重要程度。

◎ 我们根据事务的截止日期判断事务的紧迫程度。

小强升职记：时间管理故事书（升级版）

◎ 我们应将自己所有的日常事务放到四象限中分析。

◎ 我们对四个象限内的事务有不同的处理方法和原则。

◎ 我们应该将自己的主要精力集中在解决第二象限内的事务。

◎ 我们平时经常制订的工作计划和工作目标都是相对于第二象限来说的。

'第二象限工作法'顾名思义，就是我们要紧紧围绕第二象限开展我们的工作。关于这一点，我不想说太多了，我们还是务实一点，修炼自己在第二象限工作的能力。

首先，我们既然打算将自己的精力投资在第二象限，那么如何做到这一点呢？我们可以对第二象限的事务进行目标描述和任务分解。拿前面的例子来说，重要但是不紧急的事务有：

◎ 对产品进行全面测试；

◎ 编写产品概要设计；

◎ 归档自己的所有重要文件。

接下来我们对这些事务进行任务的分解和目标的描述。

目标描述和任务分解示例

项目	任务	目标	计划时间	负责人	是否达成
对产品进行全面测试	开会研讨测试策略	在测试方案上达成一致	2天	小强	
	编写测试大纲	完成对产品进行完整测试的计划	3小时	Kevin	
	测试	按照计划进行测试	1天	小强	
	填写测试报告	形成测试报告,递交项目主管	2小时	Jin	
编写产品概要设计	对客户需求做调研	明确客户的需求,以及重点需求是什么	2天	John	
	开会讨论设计所采用方法	结构化设计,还是面向对象	2天	Sean	
	确定产品主要功能,接口设计	讨论出产品的大致样子	1天	Fancy	
归档重要文件	数据库结构设计	保证系统和数据安全,确定备份和恢复策略	4小时	徐磊	
	制定文件归档方法	找出效率最高的归档方式	1小时	小强	
	收集所需材料	找到足够多的文件夹、标签纸等	1小时	小强	
	归档	将重要文件按照一定的归档方式整理	2小时	小强	

对第二象限的事进行目标描述和任务分解的好处如下:

◎ 迫使我们将精力花在第二象限,这在一开始是非常重要的。

小强升职记：时间管理故事书（升级版）

◎ 有利于将一个项目做细，做得有计划，时刻知道你下一步该做什么，也更加有行动力。

◎ 明确任务完成的标准，当达到标准的时候就可以放下你的心头大石，减轻你的压力。

◎ 分成小的任务后有利于进度控制，你可以明确地知道该任务是否造成了拖延，并立即调整后面任务的时间规划。

简单地讲，就是消除时间管理的三大杀手——信息不够、拖延、预期结果不明确。"

"时间管理的三大杀手，我赶紧写下来，我要时刻提醒自己，一定要战胜这三大杀手。"小强愤愤地说。

"OK，做了简单的任务分解和目标描述之后还不够，我们还需要通过一个表格来证明你确实已经将自己的精力放在了解决第二象限的事务上。小强，请你在一个月内，坚持填写这份'四象限工作跟踪表'。"

"如果你能按照我的要求去做，应该在一个月之内就会发现，你每天的时间大部分都投资到了第二象限，从而完成了工作重心从第三象限到第二象限的转移，与此同时，工作也将逐渐走上正轨。到那时，你应该就已经完全掌握了'第二象限工作法'。看吧，其实不像传说中的那么难。"

四象限工作跟踪表

日 期	第几象限	任务名称	消耗时间

"嗯,有老付的指点,当然不是那么难了。我一定认真练习,早日炼成'九阳真经'!"

二、绝招:衣柜整理法

做事靠系统,不是靠感觉

两个星期很快就过去了,"魔鬼特训"进行得并不如想象中那么顺利。小强在快下班的时候敲老付办公室的门,听到里面传来一声"进来"小强才走了进去。小强说:"老付,我在执行魔鬼特训的时候发现了一些问题。"

小强升职记：时间管理故事书（升级版）

"哦？什么问题？说来听听。"老付放下手中的笔，将视线转移到小强的身上，集中注意力想听听小强说什么。

"按照你说的，我把精力放到第二象限，并且对第二象限里的任务进行分解以消除时间管理三大杀手，但我现在感觉到头绪更多了，压力很大！原来只知道要做10件事，虽然容易拖延，但压力还不大，现在经过分解之后发现10件事有50个步骤，又不知道怎么管理好这50个步骤，压力陡增啊，就像在脑袋里玩砸鼹鼠游戏，原来有10只，还能Hold住，现在有50只，就有点崩溃了！能帮帮我吗？"

"哈哈，说明你升级了，要换一种玩法了。你压力大的原因是把鼹鼠都放在脑袋里面！当一只鼹鼠冒头的时候，脑袋会因为怕你忘掉其他的，所以不停地提醒你：还有好多只……还有好多只……还有好多只，你说你压力能不大吗？"老付说。

第二章　无压工作术

"那你说应该换成什么玩法？"小强好奇地问。

"把所有的鼹鼠，管他50只还是100只，先统统请出大脑，放到一个筐子里，然后再一个一个放进去砸，这样压力会小很多，因为大脑知道，鼹鼠们就在筐子里，不会忘，很放心。记住，大脑不擅长记忆，擅长思考，不要让大脑做它不擅长的事，这样吧，我们改天约个时间好好讨论下这个事情，怎么样？"

"好呀，没问题，我等你电话。"

"丁零零……丁零零……"周末的中午，小强正在电脑上看电影，电话铃突然响起来了，拿起一看，原来是老付的电话。小强一边接起电话一边想，电话终于来了。

"喂，小强，你好，今天下午有空吗？出来喝杯咖啡怎么样？"老付在那头说。

"好啊，反正我现在也正无聊呢，几点？哪儿见？"

"世纪广场的星巴克吧，3点。"

"好的，到时见。"小强挂断了电话。小强预感今天老付要和他说很重要的事情。

3点整，小强准时走进星巴克，看见老付已经在角落里看着杂志等他了。两人寒暄了几句，小强要了冰摩卡，老付则点了香草拿铁。

小强升职记：时间管理故事书（升级版）

"今天我要用一个下午加晚上的时间，向你传授时间管理的绝招：衣柜整理法。不过晚饭你买单，呵呵。"这是老付一贯的谈话方式：在轻松的氛围下开门见山。

"好啊，好啊，晚饭小意思。其实我早就想问你了，你虽然让我学到了很多东西，但是我还一直不知道你的时间管理系统到底是什么样的呢。"

"以前没有和你聊到这些是因为时机还不成熟。当你对以前咱们探讨的'职业价值观''四象限''猴子法则'都有了深入的了解和体验之后，才能更快地掌握这个绝招。我不是在带着你绕远路，而是在带着你上台阶，明白吗？"

"完全明白，那咱们开始吧，有点迫不及待了。"

"你平时是怎么整理衣柜的，能告诉我吗？"老付问了个奇怪的问题。

"我平时……好像都是我老妈整理的，我不太清楚。"小强挠着头，不好意思地回答。

"所以说，一屋不扫何以扫天下？你老妈时间管理的能力绝对比你强，呵呵……"小强的回答把老付给逗乐了。

"从今天开始，我一定自己整理衣柜，嘿嘿。"小强做了一个军人敬礼的动作。

"没关系，我给你说说我是怎么整理衣柜的吧。

第二章　无压工作术

首先，我会将衣柜里的东西全部取出来，放在床上。

然后，我会将散落在床上的衣物进行整理，比如，哪些是再也穿不了的衣服，哪些是秋冬季穿的衣服，哪些是最近就要穿的衣服，把它们在床上整理好。

接下来，规划好衣柜的空间，哪个地方放内衣，哪个地方挂西服，哪个地方放运动衣，等等。然后按照这些规划，让所有要穿的衣物全部各就各位，不再穿的衣服和其他季节的衣服单独存储。不仅如此，还要每周对衣柜进行整理，看看是否有衣物没有放置整齐。

最后，在正确的场合穿合适的衣服。

有了干净、整洁的衣柜，再也不用临出门的时候翻个底朝天了。"

"听起来蛮有条理的，但我还是不明白，这和时间管理有什么关系？"小强问。

"其实，整理衣柜的五个步骤对应着时间管理的五个流程：捕捉、明确意义、组织整理、深思、行动，所以我把这种时间管理方法称为衣柜整理法（注：就是David Allen的GTD方法），这些流程是一个开放式循环。"老付边说边在纸上画给小强看。

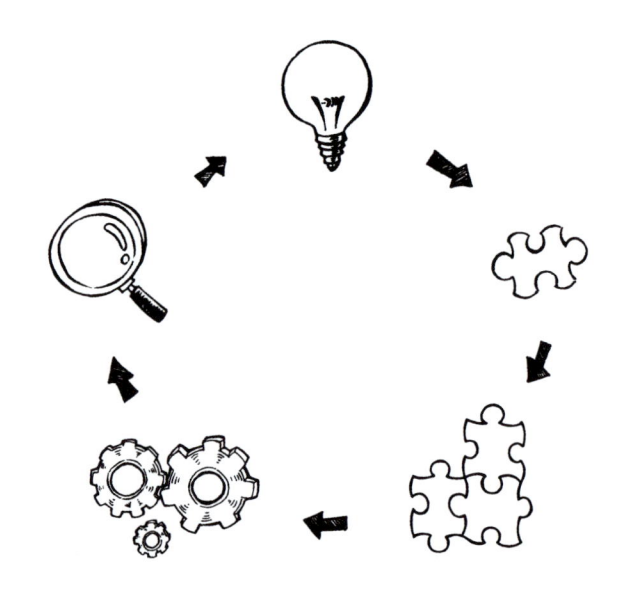

小强升职记：时间管理故事书（升级版）

"开放式循环是什么意思？"

"你的每一天就是开放式循环啊：任何事情都有可能发生，并且每天都有吃喝拉撒睡，就这样循环着。衣柜整理法也是一样：每天遇到的任何事情都放到这个循环系统里处理，所以不管10只还是50只鼹鼠，都能Hold住！"

"哦，原来是这样，那搞成开放式循环的意义是什么呢？前面教我的方法好像都没这么复杂。"

"做事靠系统，不是靠感觉。当你真正建立起来一套系统，并运转良好的时候，你就可以获得解放，举例：你还关心怎么呼吸吗？你无时无刻不在呼吸，可你却几乎察觉不到它的存在，因为人类的呼吸系统已经进化了几百万年，这使你从呼吸这件事情上解放出来，关注更加有价值的事情。同样的道理，我们身边到处都是这样的系统，才让我们的生活更加轻松：你不需要关心电脑内部是怎么运作的，只需要用它进行创作就好；你不需要关心自来水是如何通到你家的，只需要拧开水龙头就好。用了衣柜整理法，你不需要关心每天有多少事，或者什么事，只需要考虑：接下来做什么，通过这样的方式，可以释放你的压力。"

捕捉：清空衣柜

"哦，你这么一说我还挺有感触的，我现在根本不需要管代码是如何编译成机器语言0101的，只需要按个回车，运行结果就出来了。另外，你刚说到第一步是捕捉，捕捉是什么意思？"小强问。

"我敢打赌，你并没有把所有任务都写到ToDo List里面！对吗？"老付反问道。

"呃……是的。"

"恰恰那些没有写到ToDo List里面的事情成为你的压力源。就像这座冰山……"

老付说完在纸上画了一个大大的冰山，然后接着说："我们答应别人、并且记得的事情，只是冰山露出水面的部分，更多的是在水面以下，答应别人但是忘掉的事情。比如说你答应客户今天邮寄一份资料，可是你认为这是小事，就没有记录下来，等你在回家的地铁上客户来催的时候，就形成了压力，然后就是各种忙乱。小强，你觉得时间管理管理的是什么？"老付突然发问。

"是事情吧？要不然就是精力？"

"时间管理，管理的是承诺，我们每天都在接收和发出各种承诺，答应别人的事是一种承诺，答应自己的事，也是一种承诺，有了这个觉悟，做好时间管理，就不难了。

所以捕捉这个环节就是把'一切引起我们注意的事情'都收

第二章 无压工作术

集下来，放到头脑以外的地方，让那座冰山浮出水面，看到它的全貌。

拿我自己举例，我正在聚精会神地准备今天下午2点的会议资料，这是一件重要而且紧急的事情，这时王总突然给我打来电话，要我联系一下供货商，告诉他们支票会在下周一送去，我应该怎么处理呢？立即去做吗？不，先记录在一张纸上，然后继续集中精力准备会议资料。这时候研发部的Luke跑过来找我，让我提供新版本软件的用户使用调查报告，我应该怎么处理呢？立即去做吗？不，记录在刚才的那张纸上，然后继续集中精力准备会议资料。突然脑袋里冒出一件事：就最近项目出现的问题和Eric沟通，怎么处理呢？立即去沟通吗？不，先记录在那张纸上，然后继续集中精力准备会议资料。刚工作了10分钟，张经理打来电话，要我在下周五之前拿出新产品的销售策略。挂了电话之后马上准备销售策略吗？不，先记录在那张纸上。20分钟之后，同事在QQ上问你哪天有空一起去打羽毛球，我回复他我在忙碌中，然后呢？马上考虑打羽毛球的事情吗？不，还是记录在那张纸上。又过了40分钟，孙会计过来将上个月的市场推广费用明细报表递给我。我在接到的时候马上研究一下报表吗？不，将它放在一边，同时在那张纸上做好记录。这时候我突然想起来一个项目的进度计划还没做，这时候要立即去做吗？不，仍然写到那张纸上。其实很多突然发生的事情，并不一定要立即去做。

如果我恰好这样度过了忙碌的3小时的话，我的那张纸上应该和下面类似。

收集篮

联系供货商，周一会将支票送去

给研发部Luke提供新版本软件的用户使用报告

就项目出现的问题和Eric沟通

周五之前拿出新产品的销售策略

哪天有空去打羽毛球？

上个月市场推广费用明细报表

制作项目进度计划

我管这张纸叫作'收集篮'，纸上写的内容叫'杂事'，将这个过程称为'捕捉'，收集篮是需要每天清空的。我这里为了说明原理，列举的都是最有代表性的事件，使用的是最朴素的工具。关于这些，我们一会儿再谈。"

"噢，这就是你上次说的把50只鼹鼠先放到一个筐里的意思！那按照我以前的处理方法会怎么样呢？"小强一边想着一边自语道。

"这个你应该比我更清楚，你可能会：

◎ 被其他事情干扰之后，重要而紧急的会议资料将无法按时完成；

◎ 正在思考销售策略的时候，被其他事情打断，无法继续思考下去；

第二章　无压工作术

- 每一件事都无法集中精力去做，创造力和执行力大打折扣；

- 在被临时突发事件干扰手头工作的同时也影响了自己的情绪，增加了压力和紧张；

- 你硬扛着压力努力工作，可工作还一点没有要结束的迹象，于是你很烦躁，对同事没好脸色，对上司牢骚满腹，对工作敷衍了事，随后，同事、上司、工作也以其人之道，还治其人之身，这就形成了一个恶性循环；

- 对每一件事情都立即去处理，结果陷入了盲目的陷阱，无法分清主次。"

"被你这么一说，我还真够惨的。"小强说。

"工作其实就是赚钱的方式而已。我们赚钱还不是为了更好地生活？何必因为工作搞得人焦虑不堪或者亚健康那么惨呢？

正如David Allen所说：'我们应该在工作时尽量追求一种'心境如水'（mind like water）的境界。'空手道中用'心境如水'来形容一切就绪的状态，我们可以想象把一粒石子投入沉寂的池塘中，池塘中的水会有何种反应呢？答案是：依照所投入物体的质量和力度做出相应的反应，然后又归于平静。池水既不会反应过激，也不会听之任之。我们在进入这种状态的时候会发现时间过得很快，感觉自己能控制一切，完全没有紧张的感觉，要达到这种'心境如水'的境界,需要不断地练习和优化'衣柜整理法'。

记住,收集的关键是将'一切引起我们注意的东西'放在'收集篮'里,在清空大脑的同时达到'心境如水'的境界。"

"'心境如水'的境界……确实挺不容易的!"小强一边思考着一边赞叹。

"接下来聊聊捕捉工具的问题,用来做捕捉的工具其实蛮多的,有纸质的工具,也有数码的工具,举例如下:

◎ 实实在在的工作篮或者将桌面的某个区域制定为捕捉区。

◎ 纸制的记事簿、便签、备忘录。标准的塑料框、木制或金属编织框都是最常见的,用于存放纸制资料,如文件、资料、发票、请柬等。活页笔记本、螺旋装订记事本、速记本和标准白纸本,都可以出色地捕捉你的灵感。便签的好处是可以贴在你的办公区域里,随时提醒自己,而备忘录和记事本可以用来做一些更系统的事情。

◎ 电子备忘录。现在的电子产品层出不穷,几乎所有的手机都支持便签、行事历功能,但是如果你打算好好地管理时间的话,还是推荐用智能手机。

◎ 录音设备。数码录音机或者录音软件。这些设备都可以临时存储那些你需要记录或处理的音频信息,使用这类工具

第二章 无压工作术

的最大的好处是可以毫不费力地收集大脑里的想法，做到几乎完全同步，但是这需要有一个整理的步骤，因此在我们周围很少有人这样做。

◎ 电子邮件。如果你是通过电子邮件与世界的各个角落保持联系的，那么，你的计算机中就包含着一些临时区域，可以用于保留收到的信息和文件，以备日后浏览、阅读和处理。邮箱的管理也是一门大学问，如果能将自己的电子信箱整理得条理清晰，那你的工作也将如此。

使用收集工具的几条军规。

1. 捕捉工具越少越好。有些人喜欢用笔、纸捕捉，有些人喜欢用手机捕捉，有些人喜欢用Outlook捕捉，这都无可厚非，但是如果你既用笔、纸，又用手机，还用Outlook去捕捉的话，那就犯了大忌。我们要根据自己的情况去打造自己的捕捉系统，比如我一直以手机捕捉为主，搭配笔、纸。手机的优点是随身携带，不论是工作中，还是公交车上，或者是在朋友家里聊天，随时都可以记录下大脑中的想法。比如说，在工作的时候突然想到老婆让晚上回家买点面包，赶紧记在手机上，设置好下班后提醒自己，然后继续工作。这样我的大脑里虽然暂时因为这块小石头泛起了涟漪，但是很快大脑又恢复了平静。

2. 保证5秒钟进入录入状态。灵感总是稍纵即逝，如果你在

5秒钟之内还没办法取出你的工具，那就需要考虑换一个捕捉工具。早晨一到办公室我就会拿出我的本子，上面记录着昨天工作的完成情况，以及今天需要完成的工作。在简要浏览之后，将本子放到右侧的位置，保证自己随手可及。然后在这一天内，将所有和工作相关的东西全部写在这个本子上。下班后，再浏览一次今天的工作，将已经完成的从本子中划掉。合上本子之后，就可以带着轻松的心情回家了，呵呵。

3. 定期清空这些工具。我可不想自己的本子上密密麻麻写满了未完成事宜，我会每日清空收集篮，把里面不用的东西、已经完成的东西、交给别人做的东西全部清除掉，用一个空空如也的收集篮来迎接新一天的到来。"

小强这时候已经在按照老付说的做了：他一边听着老付亮出绝招，一边将自己关于'衣柜整理法'的一些迷惑和想法记录在星巴克提供的餐巾纸上。小强看老付已经将捕捉部分说得差不多了，这时候才开口道："看来今后我也要随身带上'收集篮'了，呵呵。怪不得老总身上总是带支笔，原来那就是他的捕捉工具啊，呵呵……"

"这个你错了，咱们的老总是不会将收集篮带在身上的。你可以注意观察一下，他身上只有笔，没有纸。知道是什么原因吗？他那支笔是用来签字的，而不是用来做捕捉的，呵呵，他的收集篮是他的秘书David，所有的东西都存放在David那里。"

第二章　无压工作术

"哦,原来这样,配不起秘书的人就只能用笔、纸了,哈哈。我还想问一下,我们捕捉了那么多乱七八糟的东西,该怎么处理呢?"小强问。

明确意义:为衣物分类

"还是拿前面的例子来说吧,咱们把刚才的收集篮拿出来看看。"

收集篮
联系供货商,周一会将支票送去
给研发部Luke提供新版本软件的用户使用报告
就项目出现的问题和Eric沟通
周五之前拿出新产品的销售策略
哪天有空去打羽毛球?
上个月市场推广费用明细报表
制作项目进度计划

"嗯,收集篮里已经有一堆事情了,可是当时我们为了保持思绪的平静、注意力的集中,甚至还不知道他们究竟是一些什么事。在我们集中精力将下午2点的会议资料准备完毕之后,开始将注意力放在收集篮上,我们的目标是清空收集篮,明确每一件杂事的意义。所以先迅速分辨出收集篮里的杂事,哪些是'可以行动'的,哪些是'不能行动'的。"

小强升职记：时间管理故事书（升级版）

收集篮	
可以行动	联系供货商，周一会将支票送去
可以行动	给研发部Luke提供新版本软件的用户使用报告
可以行动	就项目出现的问题和Eric沟通
可以行动	周五之前拿出新产品的销售策略
不能行动	哪天有空去打羽毛球？
不能行动	上个月市场推广费用明细报表
可以行动	制作项目进度计划

"我们清空收集篮的时候不是随意处理的，应该遵循下面几个原则。

处理收集篮的几大原则

从最上面一项开始处理：这个原则是非常重要的，每一件事情都必须获得均等机会的处理。'明确意义'这个词并不意味着'立即去执行'，它仅仅是'判断事情的实质，决定下一步的行动方案，然后放到相应的地方去'。无论如何，你必须尽最大的可能迅速地突击到工作篮的底部，而且不逃避任何一件事情的处理。

一次只处理一件事情：处理完一件事以后再去处理下一件。

永远不要再放回收集篮（被迫中断的事情除外）：当你第一次从收集篮中取出事情时，立刻判定它的实质以及处理方法，永远不要把它再次放回收集篮内，争取第一次就把它做到最好。

第二章　无压工作术

回到我们的例子上。

◎ 联系供货商，周一会将支票送去：这显然是可以行动的，只需拿起电话即可。

◎ 给研发部Luke提供新版本软件的用户使用报告：编写用户使用报告是程序员Steve的工作范畴，这件事需要委托给他处理，因此，这件事也是可以行动的。

◎ 就项目出现的问题和Eric沟通：这个也是可以行动的。

◎ 周五之前拿出新产品的销售策略：这是一项新的项目，虽然不是一下子就可以完成的，但也是可以行动的。

◎ 哪天有空去打羽毛球：哪天去打羽毛球是现在无法决定的，只有等某天有空闲了，才可以行动，所以，这件事情暂时是不能行动的。

◎ 上个月市场推广费用明细报表：孙会计拿给我这个报表不是让我去干什么，而是在我这里存档而已，以备日后查询，所以，它也是不能行动的。

◎ 制作项目进度计划：这是分内的工作，是可以行动的。

我们通常将不能执行的任务分为三类。

小强升职记：时间管理故事书（升级版）

三类'不能行动'的任务

◎ 垃圾：这类事情千万别去做，浪费时间，浪费生命。我在捕捉的时候就会自动过滤掉，因此在我们的例子里，没有一件垃圾。

◎ 将来某时：比如说'哪天有空去打羽毛球'，这就是一件当某些条件成熟之后才会做的事情。这类事情数不胜数：4月份到山东旅游、整理办公室、去医院做鼻炎手术，等等。

◎ 参考资料：比如'上个月市场推广费用明细报表'，会计之所以给你是因为你有权限知道这件事情，或许今后的某个时候会用得上，对待这类事情的正确方法是分类归档。"

		收集篮
	可以行动	联系供货商，周一会将支票送去
	可以行动	给研发部Luke提供新版本软件的用户使用报告
	可以行动	就项目出现的问题和Eric沟通
	可以行动	周五之前拿出新产品的销售策略
将来某时	不能行动	哪天有空去打羽毛球？
参考资料	不能行动	上个月市场推广费用明细报表
	可以行动	制作项目进度计划

可以执行的事情我们分为六类。

第二章　无压工作术

六类'可以行动'的任务

◎ **2分钟行动**：打一个电话是2分钟可以解决的事情，对于这样的事，我们采取的行动应该是——立即去做。

◎ **项目**：这是需要多个步骤，并且需要多部门协调的事情。例如，'周五之前拿出新产品的销售策略'，这不是我一个人就能搞定的事情，需要和多个部门沟通、协调、开会。

◎ **任务**：由多个行动组成，和项目的区别是任务几乎都是自己要解决的事情，比如制作项目进度计划。

◎ **行动**：就是可以直接去做的事。比如例子中的'就项目出现的问题和Eric沟通'，对于这些事情，有空的时候就立即搞定它。

◎ **指派给别人完成的事**：这类事情是我最喜欢的，因为我可以方便地把这只猴子甩到别人身上。比如'提供新版本软件的用户使用报告'，我可以打电话给Steve，说明这件事情，并且告诉他，下周三之前必须完成。

◎ **特定时间做的事**：这些事我写在日程表里，比如下周三14:00督促Steve提交用户使用报告。

现在的收集篮看起来应该是这个样子：

收集篮		
2分钟行动	可以行动	联系供货商，周一会将支票送去
委派任务	可以行动	给研发部Luke提供新版本软件的用户使用报告
行动	可以行动	就项目出现的问题和Eric沟通
项目	可以行动	周五之前拿出新产品的销售策略
将来某时	不能行动	哪天有空去打羽毛球
参考资料	不能行动	上个月市场推广费用明细报表
任务	可以行动	制作项目进度计划

"上面提到了'2分钟行动'，这是一个非常有趣的原则：如果是2分钟之内能够做完的事情，那就请'立即去做'。比如发一封E-mail、打扫办公室卫生、整理桌面、给某人一个电话，等等。有些人觉得2分钟就能做完的事情太简单，任何时候想做都可以做，但是往往拖了又拖，到一天终了的时候又抱怨'事好多，真烦人'。不信你可以自己做实验。'2分钟原则'是专门对付这些'烦琐小事'的。

一般情况下2分钟可以使人放松，又不会丢失思路。这里说了是'一般情况'，也就是说这不是一个绝对值，就像人的体温一样，都是有差异的，不必强求。你可以是2分钟，也可以是1分钟，甚至30秒。

如果真的超出预计的话，需要分情况去考虑。还是举例来说吧，如果你本来计划要打2分钟电话，但是现在却超时了，那么是不是要继续呢？当然要！如果你计划用2分钟给老板汇报工作，但

第二章　无压工作术

很不幸，汇报时老板又要跟你谈另外一个问题，那是不是要继续呢？当然要！

你可能会说：'咱们不是提倡集中100%的精力去做当前的事情吗？不是要尽量避免裂痕时间吗？为什么我们要被2分钟原则打断呢？'理由是，如果此时不打断，那么以后会损失更多。

举个例子。你正在集中精力写市场报告的时候，老婆一通电话进来说：'老公，咱家水管坏了，找物业修理好吗？'虽然很想说：'你怎么不自己打！'但是显然，这时候如果停下来用2分钟的时间联系物业，说明问题，约好维修时间，再回到刚才的工作中，是一件相对比较简单的事情，思路应该不会完全丢失，就当作休息了。相反，如果这时候你不立即去做的话，那么你需要：1.打开收集工具；2.把这件事情放入你的时间管理系统；3.做好提醒；4.去做这件事。这样一来花费的时间可能是直接去做的好几倍，得不偿失。

好，到此为止。'明确意义'环节我先说这么多，就靠你自己去实践了。"

"等等，老付，我觉得第一个流程，也就是'捕捉'，是很容易理解的，自己平时也在做类似的事，只不过做得不够彻底，没有意识到将'一切引起我们注意的事情'都从大脑中捕捉下来的重要性，所以自己经常会感到手忙脚乱。但是'明确意义'流程我觉得有些烦琐，要在收集篮里先写下是否可以执行，然后还需要对可行动的事情进行分类。有什么简单的方法吗？"小强认真地听完了老付的讲解，指着桌上老付画的表格说。

"哦，是这样的，我可能没有解释清楚，判断是否可以执行，以及对可执行的事情进行分类是在脑袋里进行的工作，不需要写在收集篮里。还记得我前面说过，大脑是用来做分析和创造性思考的，那些需要保存的东西才是写在纸上的。所以，到目前为止我们手上也只有一个收集篮而已，其他的，经大脑迅速处理后将会被写到其他清单，包括日程表、行动清单、项目清单等，这个后面我还会说到。"

"原来你给我看的是慢动作啊。然后呢？"小强问。

脑袋里只装一件事

"然后就是让脑袋里只装一件事！"老付接着说。

"先给你讲个故事吧—— 世界上最紧张的地方可能要数只有 10 平方米的纽约中央车站问询处。每一天，那里都是人潮汹涌，匆匆的旅客都争着询问自己的问题，都希望能够立即得到答案。对于问询处的服务人员来说，工作的紧张与压力可想而知。可柜台后面的那位服务人员却看起来一点也不紧张。他身材瘦小，戴着眼镜，一副文弱的样子，显得那么轻松自如、镇定自若。

在他面前的旅客，是一个矮胖的妇人，头上扎着一条丝巾，已被汗水湿透，充满了焦虑与不安。问询处的先生倾斜着上半

第二章 无压工作术

身,以便能倾听她的声音。'是的,您要问什么?'他把头抬高,集中精神,透过他的厚镜片看着这位妇人,'您要去哪里?'这时,有位穿着入时、一手拖着皮箱、头上戴着昂贵帽子的男子试图插话进来。但是,这位服务人员却旁若无人,只是继续和这位妇人说话:'您要去哪里?''春田。'

'是俄亥俄州的春田吗?''不,是马萨诸塞州的春田。'他根本不需要行车时刻表,就说:'那班车是在10分钟之内,在第15号月台出车。您不用跑,时间还多得很。''您是说15号月台吗?''是的,太太。'女人转身离开,这位先生立即将注意力转移到下一位客人——戴着帽子的那位先生身上。但是,没多久,那位太太又回头来问月台号码。'您刚才说的是15号月台?'这一次,这位服务人员集中精神在那位戴帽子的旅客身上,不再管这位头上扎丝巾的太太了。有人请教那位服务人员,他是如何在如此繁忙混乱的工作中保持清醒和冷静的。那个服务人员这样回答:'我并不是同时和很多旅客打交道,我只是单纯处理一位旅客,忙完一位,才换下一位。在一整天之中,我一次只服务一位旅客。'这个故事就是这样。小强,告诉我,从这个故事里,你得到了什么启示?"

"嗯——从这个故事里我得到的启示是:脑袋里如果每次只装一件事,就可以将我从周围嘈杂的环境和重重的压力中解脱出来。我每天的工作总是要开很多的线程去做不同的事情,就像美杜莎的头发一样,互相纠缠在一起,不仅严重影响了我的心情,还让我感到压力重重。"

"这也就不难解释为什么我总是听见你摔客户的电话,并且做什么事情的时候都很着急,好像尾巴被烧着了一样。"老付插嘴说了一句。

"是啊,因为我在和人说这件事的时候,脑子里装着那件事,所以我总想赶紧处理完这件事之后去处理另一件事。唉!我现在总算知道为什么生活节奏特别快的地方会流行'发泄屋'这样的东西了,我有时候真的想狠狠地给你一拳。"小强笑着说。

"为什么这一拳是给我的?"老付身子向后一仰,仿佛在躲那一拳。

"因为活儿是你派给我的!"

"可是压力是你自己给自己的啊!呵呵。"

"那说到底,脑袋里只装一件事到底有什么好处呢?"小强问。"脑袋里只装一件事,也就是一时一事。至少有以下几个好处。

脑袋里只装一件事的好处

1. 专注。当我们集中注意力于某一件事的时候,我们会放下和忘记其他的事情,同时,大脑会努力搜索和当前这件事相关的任何信息,这将大大提高我们的创造力。

第二章　无压工作术

2. 成就感。我一般都会把自己每天要做的事情写在一张纸上，标上优先级，然后选择一个自己感兴趣的，或者已经准备得比较充分的来做。做完一件，在纸上划掉一件，做完一件，划掉一件……这样我总是能保持一个旺盛的斗志，因为我亲眼看着我的任务在一件一件地被消灭，我在不断地接近成功。伤其九指不如断其一指，与其每件事都做到一半，不如将一件事情完全做完，这样做起事来更开心，更有成就感。

3. 摆脱压力。压力都是自己给自己的，我们的压力来自于我们知道可能还有10件事在等着我们去做。那能不能想象一下，如果有个盒子，能让我们把所有的杂事都从脑袋里取出来放到盒子里面，然后每次从盒子里取出一件事，放到脑袋里去处理，做完之后，扔掉；然后拿出第二件事情，放到脑袋里处理，做完之后，扔掉。在这样的情况下，你还会有那么大的压力吗？

4. 更好的结果。相信大家都有这样的体验：当我们集中精力去做一件事情的时候就会觉得思维很活跃，因为脑电波在没有受到干扰的时候，可以很清晰、很有逻辑地去思考。所以，当我们排除了干扰，脑袋里只剩下一件事的时候，我们会有更好的逻辑思维和创造力，这样就不难得到更好的结果。"

"那……我应该取出哪一件事放在脑袋里呢？"

小强升职记：时间管理故事书（升级版）

脑袋里只装哪一件事？

"呵呵，这个问题问得好，脑袋里只装哪一件事呢？我认为应该是'下一步行动'。"

"什么是'下一步行动'？"小强第一次听到这个词。

"呵呵，我们分成两部分看，'行动'就是可以直接去做的事情，比如打个电话，而'下一步行动'就是某一件事情的下一个可以直接去做的事情。比如'制作项目进度计划'可以分解出若干行动。

任务	行动
制作项目进度计划	进行项目结构分析，明确单元之间的逻辑关系与工作关系
	开会成立项目小组，确定分工和责任
	制定项目控制流程，包括风险控制流程
	用甘特图制作项目进度计划

这四项都是行动，但下一步行动只有一个：进行项目结构分析，明确单元之间的逻辑关系与工作关系。

通常造成你拖延、效率低下、行动力差的原因之一就是你在做的是杂事、任务或项目，而不是下一步行动。所以总感觉无从下手，其实最后一步才是真正制作项目进度计划，这是很多人进入的误区，一口吃不成个胖子啊！

第二章　无压工作术

你有没有这样的体验：当你上一刻决定'现在开始做项目进度计划吧！'，下一刻就会陷入迷茫，感觉千头万绪，注意力始终集中不起来；紧接着你会感觉到烦躁、压力大。但是当你决定做的事情是'进行项目结构分析，明确单元之间的逻辑关系与工作关系'的时候，你会立刻拿出资料进入分析的状态。我说得对吗？"

"的确很有道理！"

"我们的焦点只有一个，就是下一步行动：我每接手一个项目或者从第二象限取出一个任务的时候，我总会问自己一个问题：'下一步行动是什么？'为了解答这个问题，我会在纸上先将任务分解成若干'行动'，然后去找到'下一步行动'，最后再去执行它。执行完以后，再执行下一个'下一步行动'，就这样，整个任务就在'下一步行动'的驱动下顺利完成了。我强烈建议你养成这个习惯：任何时候都问自己'下一步行动是什么？'要知道，任何复杂的事情都是由简单的'行动'组成的，就像一个很大的毛线球，只要你找到它的线头，顺着线头，总会把毛线理顺的。工作上的事情是这样，生活上的事情也是这样，所以可以这样说，'下一步行动'驱动着你的人生。"

"你就是靠这个力量一点一点地完成了那么多枯燥、复杂的任务？"小强问。

"是的，这就是我的秘诀，也是我的力量源泉。其实我和你一样，看到那些项目就头大，不过我善于将它们化整为零，这样就可以分段实现大目标了。"老付笑着说。

"老付，为什么要写得那么复杂呢？明白意思就行了嘛，我就写'项目结构分析'可以吗？"小强问。

"不行，人的记忆不可靠，明明现在很明确地知道这几个字是什么意思，但是三天后再拿出来看的时候，就抓耳挠腮地想不出来了。所以写行动也是有秘诀的。

第二章 无压工作术

秘诀一：动词开头。一个好的行动应该是以动词开头的，比如'打电话给某某'、'准备会议资料'、'回复E-mail'，等等。以动词开头才能保证它具有可执行性。如果在你的行动清单上写着'电话'、'资料'、'E-mail'，我想你一定会把它们放到一边置之不理的。

秘诀二：内容清晰。比如'准备会议资料'，虽然是动词开头，但是描述得不是很清晰，'需要准备哪些资料'、'几点开会'、'会议上要提出什么问题'，等等，这些东西还需要我们在行动之前一一落实。所以说，这样的'下一步行动'是失败的。我们应该尽量给大脑一个清晰的信号，避免大脑自己'擅自加工'。大脑'擅自加工'的结果就是相关不相关的信息一股脑儿揉在一起。

秘诀三：描述结果。比如'早晨9点带着做好的计划书在会议室开会讨论营销计划'，这已经算是一个不错的'下一步行动'了，但是我一直强调对结果描述的重要性，也就是说，我们要在任务开始之前就对想要的结果进行描述，描述得越清晰，产生的能量就越大。如果你在这段话的后面加上'说服与会者认同我的营销方案'，那会是什么效果呢？

秘诀四：设定开始时间、周期、最后期限是什么。在设定了这三个和时间有关的属性之后，你就可以更加合理地安排自己的时间，把握行动的进度，照顾别人的时间。比如，会议的时间是'9点开始，需要2小时'，那么你就可以做到在9点之前把自己的杂事都处理好，并且在9点到11点这个时段不再安排其他事情；与会的其他人，也可以根据这一点合理地规划自己的时间。我自从提倡会前明确会议时间之后，咱们这里会议的效率提高了很多，呵呵。"

行动、任务、项目的区别

"哦，我明白了，那不管是行动、任务，还是项目，都是靠'下一步行动是什么？'这个问题来推动吗？好神奇啊！"小强有点惊讶，打断了老付。

"是又不是，你知道行动、任务、项目的区别吗？"老付反问道。

"好像知道，但又讲不出来，比较模糊。"

"行动、任务、项目，都要从下一步行动开始执行，但决定下一步行动的方式不同，很多人都没有把这个剥离清楚，特别是职位从执行者到管理者过渡的时候，做事的方式并没有从做任务过渡到做项目，所以特别拧巴。

行动就是可以直接去做的事情，决定它的下一步行动其实是决定执行时机，不同的时机去做，就会产生完全不同的结果。

第二章 无压工作术

举例：有一次我回家，客厅灯开着却没人！奇怪，我老婆应该早就到家了呀，走进卧室才发现老婆坐在床边抹眼泪，吓我一跳。正在这时，丈母娘推着孩子进门了，我猛然发现我家孩子的头发被剪成了这个样子，女孩哦。原来，夏天到了，丈母娘担心孩子太热长痱子，就想把头发剪掉，但是我老婆想给孩子留'西瓜头'，这样比较好看，昨天争论了半天，没想到今天丈母娘就先下手为强了。所以你看，'给孩子剪头发'就是个行动，决定它的下一步行动时，最重要的就是时机，错过了时机，结果就完全不同，后来我老婆也明白了这个道理，于是第二天，果断把孩子剪成了光头，起码相对还好看点。"老付给小强翻手机上的照片。

"哈哈哈，真有意思。"小强笑得合不拢嘴。

"有那么好笑吗？继续说任务，任务是由多个行动组成的，项目也一样，但是它和项目的区别是，任务下的行动基本由自己独立完成，而项目可能是由多个人共同完成，并且它们关注的重点也不一样，做一个任务关注的重点是事情本身，而做一个项目

关注的重点是与人的沟通协调。这一点很重要！"老付强调了任务和项目的不同，希望引起小强的注意，也希望小强理解他的良苦用心。

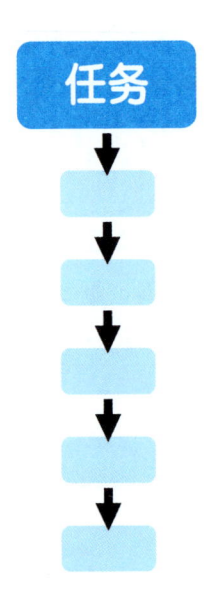

```
任务
 ↓
 □
 ↓
 □
 ↓
 □
 ↓
 □
 ↓
 □
```

"举例，制作项目进度计划，是一个任务，我问自己：

下一步行动是什么？确定总工期、成本、干系人、资源。

下一步呢？设置里程碑。

再下一步呢？在里程碑的基础上分解出每一个任务，并且确定时间期限、落实到人。

再下一步呢……

第二章 无压工作术

就这样一直问下去，直到完全搞清楚，然后再返回来一步步执行，这就是所谓的分解任务和以终为始。

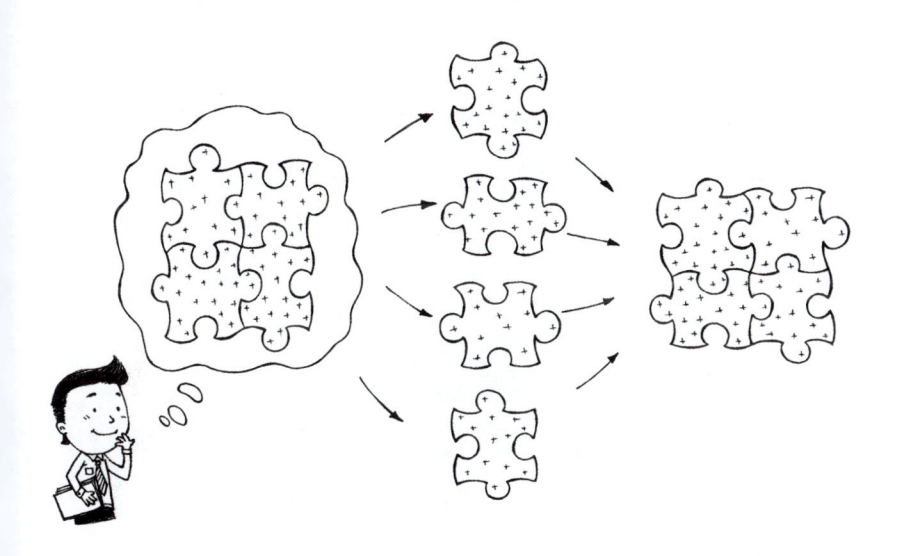

我猜你做一个任务的时候是这样的：摆好咖啡，打开电脑，先想想要干什么事。哦，对了，是写项目的需求分析文档。嗯，该怎么写呢……到底该怎么写呢……老付那里有一些资料，也不知道是否用得上，要不然在网上搜搜有没有什么用得上的。哦，差点忘了，今天早晨有NBA的比赛啊，打开文字转播看看比分吧……这个需求分析也够难写的，从哪里开始写呢……糟糕，40分钟都过去了，还一个字都没动呢，我的效率怎么这么低呢！我以后一定要想办法提高自己的效率……小王上线了，问问他关于昨天那个技术问题的事情吧……"老付边模仿着边说。

小强升职记：时间管理故事书（升级版）

"好吧，你赢了！"小强颇感无奈。

"'下一步行动是什么？'这个问题就像自行车带齿轮的踏板，我们踩着它驱动整个系统。"老付接着说。

"最后是项目，项目不但由多个行动组成，并且需要多人或者多部门协作，所以如果你是项目的负责人，那么你的重点就不是分解任务并执行，而是沟通和协调，让团队去做事，自己跟踪进度，把握全局。决定项目的下一步行动是建立框架。

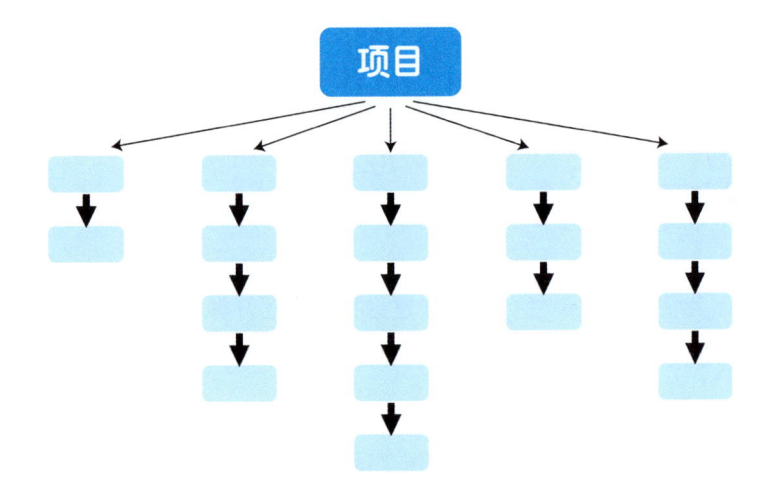

举例，我有个朋友是一家加工制造业公司的质量管理主任，有一次领导交给他一个任务：生产质量要提高10%。这绝对是一个项目，不过他很专业，脑袋里立即出现一个框架：人（人员）、机（机器）、料（物料）、法（方法）、环（环境），然后邀请负责这些环节的部门领导开会讨论如何进一步提高质量。

第二章 无压工作术

你看,这一下子就有下一步行动了。

这些就是行动、任务、项目的区别,以及如何决定它们的下一步行动。给你画一张图就更明白了。竖着的是知行合一里的"知道"和"做到",横着的是"更关注事"还是"更关注人"。行动关注事情的执行,搞定任务的重点是先想清楚结果图像是什么,然后找出实现这个结果的路径,做项目既要知道怎么搞定人,还要把握好这些人的执行情况。"老付还真是倾囊相授,很快画好了一张图。

"清楚了吗?如果清楚了我们做个小练习。"老付知道今天讲的东西有点多,所以尽量多让小强自己体验一下,好加深理解。

小强升职记：时间管理故事书（升级版）

哪些是"项目"？哪些是"任务"？哪些是"行动"？
去挑选一支鱼竿
准备周一会议
自己建立一个博客
学习时间管理
准备研究生考试

"嗯……按你的说法，好像只有任务，没有项目和行动啊？"小强挠挠头。

"Bingo！答对了。"老付打了一个响指说。

"好阴险啊，来这一招，呵呵。"小强捶了老付一拳。

"嘿嘿，没办法，要打破常规思维嘛，不喜欢做判断题的话，那咱们再来做一道填空题。你能不能写出下面这些任务的'下一步行动'是什么？"

填写"下一步行动"

项目	下一步行动
去挑选一支鱼竿	周六早晨9点上网查找关于选购鱼竿的资料
准备周一会议	
自己建立一个博客	
学习时间管理	
准备研究生考试	

第二章 无压工作术

组织整理：将分类的衣物重新储存

"让我们重新整理一下思路。

◎ 我们有一个收集篮，里面写满了'杂事'。

◎ 我们明确了每一件杂事的意义，并且知道不同类型的事情，决定下一步行动的方式不同。

接下来怎么做呢？

1. 从收集篮中拿出排在第一项的'杂事'：'联系供货商，周一会将支票送去'，2分钟能搞定，立即去做！

2. 打完那个电话之后继续回到我们的收集篮，拿出第二项'杂事'：'给研发部Luke提供新版本软件的用户使用报告'，我分析一下，哦，这个需要Steve来处理，立即打电话委派出去，并且写入我的'日程表'提醒我2天后跟进这件事。

3. 再拿出第三项：'就项目出现的问题和Eric沟通'，哦，这是一个不折不扣的行动，立即写入'行动清单'，有空的时候去做。

4. 拿出第四项：'周五之前拿出新产品的销售策略'，嗯，这是一个复杂的项目，就地决定它的下一步行动，全部写入'项目清单'。

5. 拿出第五项：'哪天有空去打羽毛球？'，有这想法，还指不定什么时候去呢，写入'将来清单'吧。

6. 拿出第六项：'上个月市场推广费用明细报表'，这是一份资料，立刻放到文件柜的适当位置。

7. 拿出第七项：'制作项目进度计划'，这是一个任务，把它分解为若干行动，然后把行动写入行动清单。

就这样，2分钟不到的时间，我们已经拥有了三张清单，和一份日程表。

◎ **日程表**。这里面存放特定时间要做的事情，比如说开会、约会，等等。因为涉及提醒，所以我选择用Google Calendar同步到手机的日程表，同时Google Calendar还能同步到电脑桌面，很方便。

◎ **将来清单**。我使用32开那么大的效率手册来管理所有的清单，将来清单上的内容可能要很长时间才会执行，所以我把它放在最后的位置，每周回顾的时候翻开看看，有没有什么事情可以孵化成行动了。

◎ **行动清单**。这是每天的主要清单，排在最前面，我在每天工作的时候把效率手册放到右手边，翻开到行动清单这一页，随时可以在上面记录，当行动完成之后，也可以随时从上面划掉。

第二章　无压工作术

◎ **项目清单**。这个清单一般比较复杂,有时还需要随时补充资料什么的,不过刚好效率手册添加纸张很容易,即使是A4纸也能在折叠后加进去,所以通常会有专门的区域来存放和项目相关的一切。

这样一来,我们的清单系统看起来应该是个'3+1'的组合。"

"3+1" 清单系统

26号14:00，跟进Steve新版本软件的用户使用报告的情况

将来清单
哪天有空去打羽毛球？
××××××××××
××××××
××××××××
××××××××
××××××
×××

行动清单
给研发部Luke提供新版本软件的用户使用报告
就项目出现的问题和Eric沟通
开会讨论项目的总工期、成本、干系人、资源
×××××××××
×××

项目清单：
新产品销售策略
1.1 针对产品做市场调研
1.2 调查相同定位产品的销售策略
1.3 销售策划组开会讨论
1.4 编写销售策略报告
2.1 ××××××××
2.2 ××××××××

"这样的'3+1'组合就构成了我工作中的清单系统。我每天早晨到公司，浏览一下'3+1'清单，立即就对当天要做的事情心里有数了。

从明天起，建议你就可以按照我的方法进行练习，当你遇到问题的时候，再来找我，到时我们再做深入的交流，怎么样？"

深思：对衣物做到心中有数

"嗯……经过你这样的组织整理，我觉得思路一下子清晰了，你举的方法很实用。还想问一下，当我做事有了条理之后，就不会有压力了，对吗？"小强问。

"是的，压力是因为焦虑，焦虑是因为缺乏掌控感所造成

第二章 无压工作术

的。不过,'衣柜整理法'到了这一步还没有结束,良好的收集习惯还有'3+1'清单系统,基本上已经可以解决你日常工作上的忙碌问题,但是要解决盲目的问题,我们还需要深思。"

"为什么要进行深思呢?我能将手头的事情处理好就可以了,不是吗?"小强有些不理解地问。

"对你的清单进行深思至少有下面三个好处:

◎ **孵化杂事**。如果你不做深思的话,我们的'将来清单'会越来越庞大,事情会一件一件地堆在那里。因此我们必须要对这个清单进行'修剪'和'孵化'处理,不论是将那些我们已经不感兴趣的事情从清单中划掉,还是将时机成熟的事情从清单里挑出来做进一步的思考,都将有利于我们保持清晰有序的头脑。

◎ **产生灵感**。每天忙于工作的时候,就是在低头赶路,一件事接着一件事,应接不暇。而深思是让我们抬头看路,找一个不被打扰的时间段,重新审视一下过去发生的事情,还有未来要做的事情,很多平时觉得棘手的事情,都会在这个时候找到灵感。总是低头赶路,会撞到电线杆。

◎ **提升高度**。我们不应该只看到脚下的路,那只有1平方米,我们要去选择道路,才能走得更远。让别人拿着时钟工作吧,你带着指南针!通过对自己一周工作的重新审视,向自己发问:我的目标是什么?今后遇到类似的事情

应该如何取舍？当我们站在一个新的高度去看待现在的人和事，你会有前所未有的发现。

当我们知道了为什么要进行深思之后，选择一个恰当的深思时间也是非常重要的。虽然个人情况不一样，但是我还是要向你推荐下面两个时间段：

◎ **每天下班**。我每天下班的最后一件事情就是问自己四个问题，就像一个下班前的仪式，也是我工作和生活的平衡点，写下回答之后，就放下工作，成为老公、父亲、儿子。

◎ **每周回顾**。我建议你每周做一次回顾，可以根据自己的实际情况来安排时间，我自己的时间是每周日早晨 **6:40**。"

"原来还有这些我看不见的动作，我对你下班前的仪式很好奇耶，那四个问题是什么？"小强问。

"其实很简单，具体如下：

1. 今天做了些什么？

2. 对哪些比较满意，哪些不满意？

3. 推进了哪些重要的事？

4. 明天的规划是什么？

第二章　无压工作术

我把它做成一张小卡片，摆在桌子上，每天下班前都会看一眼，回顾自己的一天。建议你也可以试试。"

"那你的周回顾是怎么做的？"小强一边做记录一边问。

"不着急，你先把刚才的问题写完，我们慢慢来。

周回顾我是这样做的。

1. 清空收集篮

这里收集篮的概念比较广，比如邮件的收件箱清空、桌面纸张上随手写下的东西、整理办公桌或收拾家里环境，都算作清空收集篮的动作。目的是为了让我们的大脑和环境清清爽爽。

2. 检视将来清单、行动清单、项目清单

将来清单里有没有可以孵化的任务？比如说：想去青海旅游，最近是不是刚好有带薪年假？那就把它从'将来清单'里拽出来吧，当作任务进行分解之后，放到你的'行动清单'里吧。

行动清单里有没有已经做过还没来得及划掉的任务？上周都做了哪些事？下周还要做哪些事情？清单上的那些行动具体规划到下周的哪天执行？

打开项目清单浏览一下，自己下一步应该做些什么？现在项目的完成度是多少？项目要取得什么样的成果？在项目的分解、人员分配、成本消耗、市场策略方面有没有什么需要修正的地

方？或许你会发现遗漏了什么，或是有了什么新的想法，都应该在回顾的时候添加进去。

3．检视日程表

这时候打开日程表，看看下周都有哪些约会，有哪些会议，根据日程情况适当调整一下行动计划，比如下周二的日程表上已经比较满了，那就把行动清单里的事情往周一多安排一些。

4．本周收集到印象笔记里的内容

大多数收集到印象笔记里面的资料都不会再看第二遍，可是能收集下来的一定都是比较有用或者有趣的内容，不内化一下就太可惜了，所以我在印象笔记里筛选出本周添加进去的内容，再做一次浏览，加深印象。

5．年度目标

我会将自己的目标纳入回顾系统，通常这样的目标需要1年以上的时间才有可能达成，比如：健康的目标，每天早晨早起锻炼；财富的目标，2年内每月现金流超3万；心智的目标，我要每年阅读50本书，等等。我每检视年度目标一次，就被点燃一次。

行动：选择最佳方案

最后我想和你分享一下David Allen提出的'六个高度'对我的工作带来了多大的帮助。David Allen提出我们的工作和人生是可以划分成六个高度去进行检视和规划的，具体如下：

小强升职记：时间管理故事书（升级版）

1. **原则（五万英尺）**：你首先必须要找个时间好好地思考一下自己的价值观、原则和目标，这是你工作的灵魂所在。如果你以前没有思考过这些，建议你现在就开始思考。我可以和你分享一下我的原则：高效率，慢生活。

2. **愿景（四万英尺）**：这里面包含3～5年的工作目标，可以是职位的，也可以是组织能力、协调能力等。在这个层面你需要问自己：

    ◎ 我想要什么？

    ◎ 哪些人已经做到了？

    ◎ 他们是如何做到的？

    ◎ 那时候我的工作和生活会是怎样的？

    这样一来我们就给自己描绘了一幅图画，当我不断地回顾这幅图的时候，我要完成这些目标的愿望也就愈加强烈。比如说我是这样回答那几个问题的：

    ◎ 我的目标是能够拿到30万元的年薪，这样可以给我的家庭更好的生活；

    ◎ 王总已经达到了这个目标；

    ◎ 他具有广泛的人脉、很强的组织协调能力以及对未来趋势的判断；

◎ 达到这个目标之后我会去欧洲度假，我会买一所大房子，我会为孩子提供更好的教育环境。

我将一架飞机模型、一张大房子的照片、一幅孩子的照片摆在我的办公桌上，时刻提醒我工作的意义。

3. **目标（三万英尺）**：目标是比愿景更细化的东西，通常在一年内就可以有一个阶段性的成果。比如说我现在的目标就是：

◎ 每周通过参加商务聚会来扩展自己的人脉，主动给朋友们打电话来巩固自己的人脉；

◎ 参加管理学的培训课程或者是参加MBA学习来提高自己的综合能力；

◎ 每天坚持阅读40分钟，来扩充自己的知识面，并且更深层次地研究自己所在的专属领域。

4. **责任范围（两万英尺）**：工作上的角色，如销售、管理、产品开发等；生活中的角色，如家庭、个人财务、精神层面等。兴趣爱好上的角色，如驴友、吉他手等，要把每一个角色扮演好，就需要执行一些任务，以拉近现实和期望的距离。比如在这个层面我会拿出我负责的项目和产品，看看它们在开发、销售、管理上是否还有提升的可能性，因为毕竟要把自己责任范围内的事情做得漂亮，才有可能

升职或者有其他进一步的发展。

5. **任务（一万英尺）**：这包含了任务和项目，还记得它们的区别吗？虽然我们已经有了一个'自上而下'的目标系统，但是我们仍然要将注意力放在眼前的一个个项目上。比如'制定新产品的营销策略'等。

6. **下一步行动（跑道）**：这是最为细枝末节的事件，我们要将它们全部放进行动清单，然后一一消灭。谁更关注细节，谁就能获得更大的成功。刚开始我们都在同一个跑道里面绕圈，但是最终只有职业规划清晰的人，才会驾车进入快车道，直奔目标而去。"

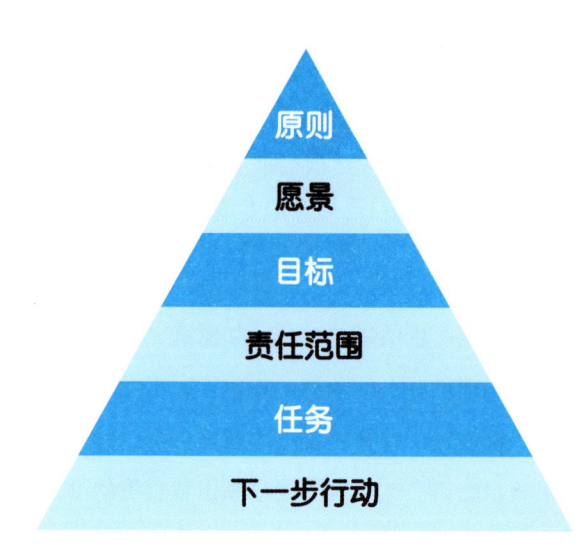

原则
愿景
目标
责任范围
任务
下一步行动

第二章 无压工作术

"那么,说到底,你到底是'自上而下'工作的?还是'自下而上'工作的?"小强问。

"我会利用一个月的时间去思考自己的未来发展,然后制定一个'自上而下'的职业规划;当这个规划确定之后,我会'自下而上'地搞定自己的工作,并且在工作的过程中随时修订自己的规划,这是我的工作方式。"

"哦……这样就可以做到忙碌但是不盲目了。"小强若有所思地说。

"回到我们'选择最佳方案'的话题上来,我们在选择究竟执行哪一个行动的时候,通常会根据四重标准进行。

- ◎ **重要性**:决策行动的下一个标准就是相对重要性,即在所有剩余的这些选择中,对我来说,哪一项最重要?这个问题我们在一开始的时候就解决了,还记得吗?职业价值观,四象限。

- ◎ **环境**:我们的工作虽然是五花八门的,但还是可以分类整理的。比如,你可以将你的工作分为:打电话、计算机旁、外出处理等。当你必须要打一个电话的时候,可以考虑将所有需要电话解决的事情一并处理。'计算机旁'、'外出处理'也是一样,利用环境将一类事情集中处理,可以大大提高我们的工作效率。

小强升职记：时间管理故事书（升级版）

◎ 时间：时间是决定行动的关键因素。我们都不希望自己的工作被打断，因此我们必须考虑现在到底有多长时间可以用来处理手头的事情。有人说时间管理专家都非常善于利用生活中的'时间片'，他们能够在3～5分钟内迅速完成一项任务，这种能力是需要我们不断磨炼才能掌握的。

◎ 精力：人的精力总是有限的，我们不能强迫自己在看了2个小时报表之后再去制定销售策略，我们应该保持自己的节奏，将烦琐的、难度大的任务用简单的任务连接起来，这样能有效防止疲劳，也有利于集中精力。"

"衣柜整理法果然厉害啊，听了半天，感觉还是比较深奥的，我能学会吗？"小强问。

"当然可以，不如这样吧，我给你画出一张流程图，你将它制作成卡片固定在你的办公桌上，帮助你随时领会和掌握这套方法。当然，如果你有优化的建议，咱俩可以一起探讨。"

"能那样就太好了，我先以咖啡代酒敬你一杯！"小强兴奋地说。

第二章 无压工作术

"衣柜整理法"流程图

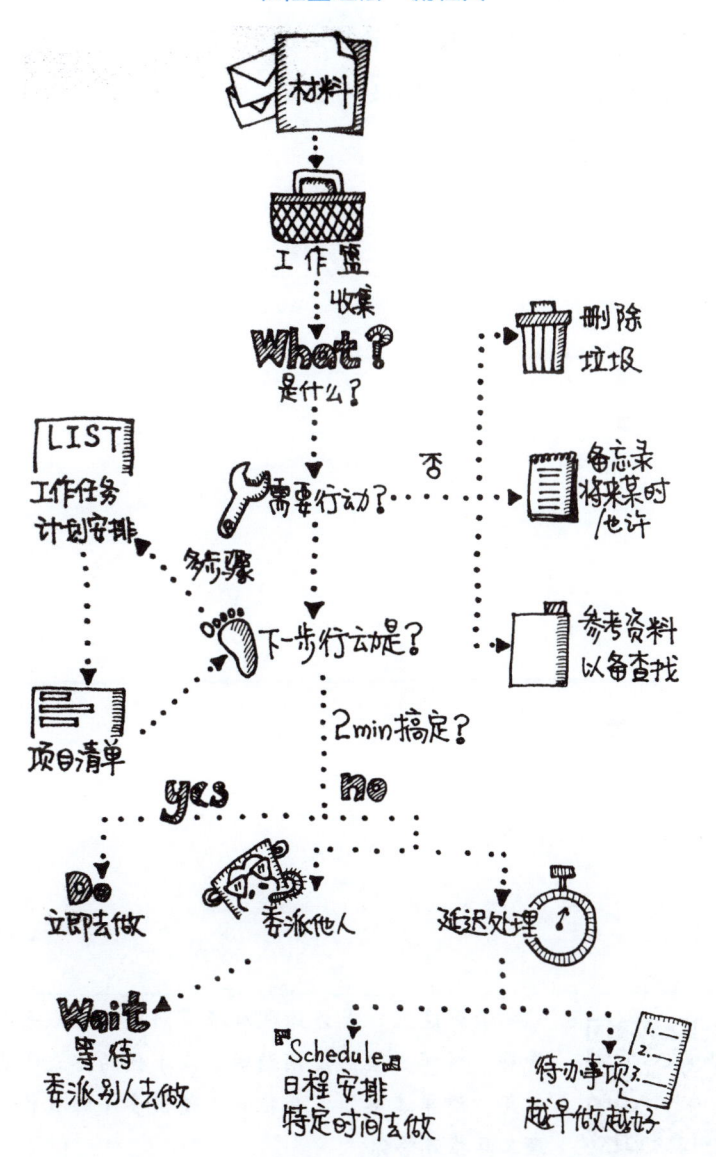

该流程图基于David Allen创造的GTD®方法

小强升职记：时间管理故事书（升级版）

"为什么是我？就算是老付打算培养我为接班人，那他看中我的是什么呢？我并不聪明，论技术能力，我不算顶尖；论管理能力，我毫无经验。那为什么是我呢？"回家的路上，小强再一次琢磨这个问题。

看到这里，或许你也有很多问题想要跟老付聊聊，对吗？当然没问题啦，在小强的公众平台回复"清单工具"，我把自己使用多年的衣柜整理工具推荐给你。

第三章

行动时遇到问题怎么办？

一、臣服与拖延

全世界的职场人都厌恶星期一的到来,因为不管阴晴圆缺,它都是一周之内最忙碌的一天。大家把这种厌恶情绪称为"周一综合征"。

这个周一,老付照例提前一个小时到公司,刚进门就看到了小强的背影。

"小强,这么早啊?"老付拍拍小强的肩膀。

小强转过头来,熊猫眼吓了老付一跳!"别提了!昨晚就没回去,悲催呀!"

"我整个周末都在赶这个项目,说来也是自找的,本来是一个月前就安排下来的事了,只怪我一直拖着没干,老想着不着急,明天再说,最后被逼着熬了两个通宵,唉,我一直有拖延症!"小强一只手边捏颈椎,边站起来说。

"拖延就像发烧一样,是对你的提醒,你应该感谢它,发烧提醒你体内有病毒感染,拖延提醒你要用正确的方式和自己沟通。所以,更进一步讲,战胜拖延的方法不是对抗,而是臣服!就像河水一样,明明被河道上的石头挡住了去路,但它没有必须把石头冲走才往下流的意思,它会尝试冲击,但更多的是绕道而行,毕竟河水的目标是奔向大海而不是冲走石头,可结果怎么样呢?在不断的冲击之下,石头最终会被河水带走,这就是臣服但

第三章 行动时遇到问题怎么办？

不放弃的结果。"老付一听到小强说拖延症，就认真起来了。

"臣服？臣服什么呢？"小强有点不明白了。

"臣服精力、臣服环境、臣服天性，人的精力是有限的，并且随着持续的工作精力会越来越下降，这是'工作效率曲线'，在经济学上叫作'边际效益递减规律'，就像这样。"老付随手在纸上画出了一幅图。

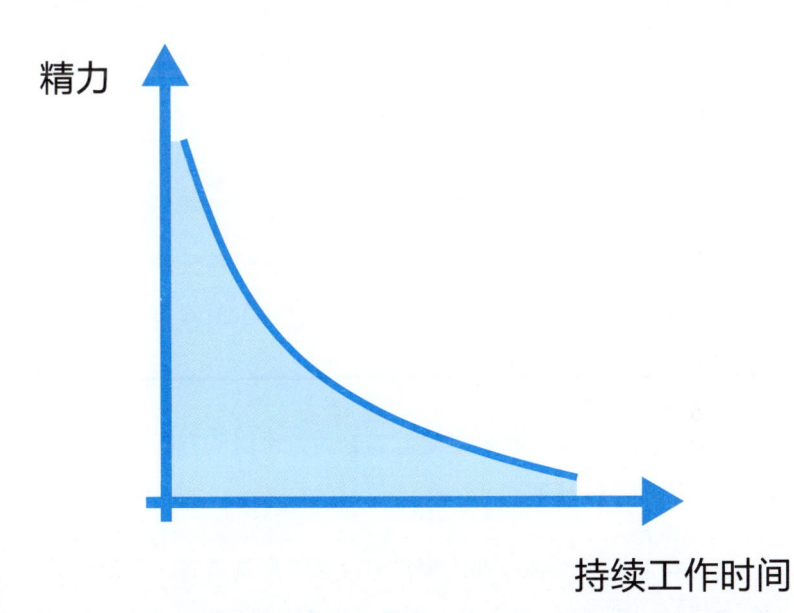

精力

持续工作时间

"而一般人却想不停地给自己打鸡血，对抗这种趋势，于是拖延就跳出来提醒你了，提醒你要先接纳效率曲线这个事实，然后再想办法调整，这就是所谓的臣服。"老付用笔在桌子上敲了敲，强调臣服这两个字。

小强升职记：时间管理故事书（升级版）

"难怪呢，我一到下午就没有状态了，但还是有很多事情要做，于是就会拖延，一会儿上微博、一会儿玩微信，然后自己又因为拖延指责自己，就进入恶性循环了。那臣服环境和天性呢？"小强想多知道一点关于臣服的事情。

"你可能参加过不少培训吧？是不是都是上课激动，课后冲动，过后一动不动？因为你想立即用学到的东西改变环境，这是很困难的事情，我们只能用它们理解环境、适应环境，然后再去慢慢影响它，这就是臣服环境。臣服天性也是一样，我们的天性有什么？从孩子身上就能清楚地看到。"

"小孩儿喜欢玩！"小强忍不住插嘴。

"是的，我们的天性之一是玩游戏，但我们每天的工作生活却是那么的程序化，你说能开心吗？你不开心的时候是不是就容易拖延？"

"是是是，没错，但问题是我怎么通过臣服的方式战胜拖延呢？"小强跃跃欲试了。

"这样吧，我给你拿件法宝，你今天早晨试试看。"说着老付从自己的包里拿出一个倒计时器递给小强，然后继续说。

"这个方法叫作'番茄工作法'（注：此方法来自于意大利的奇列洛），不过是老付的版本，一共只有三步。

1. 选择一个行动：一定是很明确，可以立即执行的行动，而

第三章　行动时遇到问题怎么办？

不是任务，以前聊过如何做区分。

2. 倒计时25分钟作为一个番茄时间，你预估完成行动需要吃掉几个番茄，然后在番茄时间内不间断工作。

3. 每吃掉一个番茄休息5分钟，连续吃掉三个休息15分钟。"

"啊？每工作25分钟就要休息一次？那样会不会太慢了，影响效率啊？"

"慢就是快，快就是慢，你不妨先试试，在行动中悟吧。"

"谢谢老付，我现在就用这个方法把剩下的事情搞定！"

说完小强瞄了一眼手头的行动清单，提笔加上了预估番茄数：

小强升职记：时间管理故事书（升级版）

1. 完成软件使用说明书；

2. 解决软件闪退的BUG；

3. 编写3.1版本的更新说明。

然后对自己说："好！用25分钟，把软件说明书搞定！"

其实老付来之前，小强就正在写这个文档，可能是因为熬夜的关系吧，不论如何都集中不了精力，短短的几千个字，写了改，改了写，这让小强很烦躁。

奇怪的是，按老付说的设置了倒计时之后，他又可以专注起来了，思路也都浮现出来了。

"嘀嘀嘀……嘀嘀嘀……"倒计时器突然响了，还把小强吓了一跳，不过他很快想起来，有一次在老付那里听到过这个声音。

"真不敢相信，居然25分钟就搞定了！"按照约定，小强把纸上的番茄涂成实心。

然后设置5分钟的倒计时休息，小强边活动肩膀边在办公室走动，同时还在想一个问题：为什么一设置倒计时就可以专注起来呢？

"嘀嘀嘀……嘀嘀嘀……"倒计时器又响了。

"好！接下来开始解决程序闪退的问题！"

第三章　行动时遇到问题怎么办？

这种BUG不太好解决，从日志上看是内存问题，但不是每次都可以重现，所以小强预估了2个番茄钟。

"嘀嘀嘀……嘀嘀嘀……"倒计时器响了，小强怀疑是内存溢出的问题，所以 25分钟一直在顺着这个思路查，但都无法解决，这时番茄时间到了，要不要休息呢？小强有一点犹豫，不过又想到老付有一次跟他说过，这世界上学东西最快的是"笨人"，因为他们愿意先严格按照老师说的一步步做，"聪明人"明白老师的方法后，就自己擅自修改步骤，两步并作一步，结果绕过去的始终要补回来。小强就属于"笨人"。

"我还是站起来休息吧。"小强这样决定，这时候同事们也都陆续到公司了，于是他走出办公室，到走廊里溜达。

突然，一个灵感击中了他，会不会是内存过度释放而不是溢出的问题？

"嘀嘀嘀……嘀嘀嘀……"5分钟很快过去了，小强立刻去印证自己的想法。

"果然是这个原因啊！真有意思，冥思苦想解决不了的问题，溜达一圈就搞定了。"小强自言自语道。

其实小强已经不是第一次有这样的体验了，他发现很多时候好的灵感、解决问题的办法，都是在洗澡的时候、上厕所的时候、散步的时候想到的。其实原因很简单，一方面是因为放松，另一方面是因为休息的时候其实是在做战略思考，拿今天的例子

小强升职记：时间管理故事书（升级版）

来说，坐在电脑前的时候，脑袋里的想法是："应该是内存溢出问题，是这里溢出，还是那里溢出？"，这是"战术"思考，在走廊溜达的时候，脑袋里想的是：还有其他可能吗？对了，过度释放内存也会闪退，这是"战略"思考。

问对问题，等于找到了一半的答案。

"状态这么好！开始下一个番茄钟吧！25分钟，搞定3.1版本更新说明，这个很简单。"小强一扫熬夜的低迷状态，开始有一点小兴奋了，人有时的确是需要看到一点事情的进展，才能更加振作的。

"小强，帮我看一下这段代码吧！怎么老是编译不过去？"刚刚开始番茄钟，旁边的女同事在求援，这一下打断了小强的番茄钟，他虽然学会了猴子法则，但面对项目组里的唯一美女，小强还是又一次失去了抵抗力，于是他关掉倒计时器。

帮同事搞定问题后，再一次设置倒计时，没过10分钟，又想起家里的宽带有问题，得给电信公司打电话。

打完电话之后小强发现，这个番茄钟基本已经废掉了，就又重新设置一个，结果又被同事打断……

转眼已经到了中午休息的时间，小强发现"编写3.1版本更新说明"这件事情仍然没搞定，而番茄时间却被打断了四五次。

"这怎么办呢？番茄时间虽然很高效，但如何处理被打断问

第三章 行动时遇到问题怎么办？

题？中午吃饭问问老付吧。让我想想看还有没有其他问题要问的。"小强现在和人沟通前会列出要点，提高沟通的效率。还有一张电话清单和外出清单，把所有需要打的电话和外出解决的事情分别写在这两张清单上，批次处理，也能提高不少效率，这些都是小强自己想到的方法。

小强在清单上列出了三个沟通问题。

1. 为什么设置倒计时后会比较容易专注？

2. 老付的番茄工作法如何处理频繁被打断问题？

3. 这样的方法虽然能提高效率，但是感觉太机械了，怎么办？

"老付，我能坐这儿吗？"小强在公司食堂终于找到老付了。

"当然可以，番茄工作法效果怎么样？"老付问小强。

"还不错啊，不过也遇到一些问题，正想请教你呢。"小强边说边往嘴里塞米饭。

"我建议我们先享受午餐，完了以后到楼下咖啡馆聊一聊，怎么样？"老付有一种"高效率，慢生活"的生活方式：吃饭的时候就吃饭，感受食物的美味；走路时就走路，感受脚与地面接触的踏实。可现代人都太快，吃饭时谈生意、思考问题，走路时看手机、发邮件。但老付能做到这样"慢生活"，却是因为事情都在掌控当中的"高效率"。

"好了,现在咱们聊聊你的问题吧?"在咖啡馆坐下之后,老付开门见山地问。

"是这样,我很好奇,为什么一设置倒计时,就更加容易进入专注状态呢?"小强也直接抛出了自己的问题。

"你玩过'愤怒的小鸟'和'偷菜'吗?"

"当然了,我很喜欢玩'愤怒的小鸟',但'偷菜'已经不玩了。"

"那有没有想过为什么这两个游戏吸引你?"老付进一步发问。

"这个真没想过,因为有趣吧?"小强不太懂老付是什么意思。

"因为大脑有两个特性:第一,大脑喜欢做简单的事情。'愤怒的小鸟'简单吧?用手拉下弹弓,砸中对面的猪就行,同样的,'给同事打电话要一份技术文档'和'写一个项目的需求分析',你会先做哪个?"

"当然是打电话咯。"

"对呀,第二,大脑对有时间底线的事产生紧迫感。'偷菜'游戏里面每棵菜和每只动物都有倒计时,奶牛还有1分钟产奶之类,你就会不停刷屏地等,这样的例子比比皆是,奥运倒计时、信用卡还款、新年倒计时、秒杀购物……"

第三章 行动时遇到问题怎么办？

"还有下班倒计时。"小强不错过任何一个表现闷骚的机会。

"真有你的！这两个特性用比较技术的话说就是底层的东西，情绪反而更加高级一些，所以就算你情绪不佳，用番茄工作法，仍然可以进入专注状态，只不过要耗费大量的精力，是超负荷状态，所以我不建议用得太频繁，我每天最多吃8个番茄，多了就消化不良了。"老付见小强听得认真仔细，就继续说下去。

"其实番茄工作法给我带来最大的改变是工作节奏，还记得吗，早晨给你画了一幅效率－精力曲线图，番茄工作法是对精力的臣服，不和精力直接对抗，而是让精力还没有透支的时候就休息、恢复。那张图就会变成这样。"老付拿出纸笔迅速地画了一幅图。

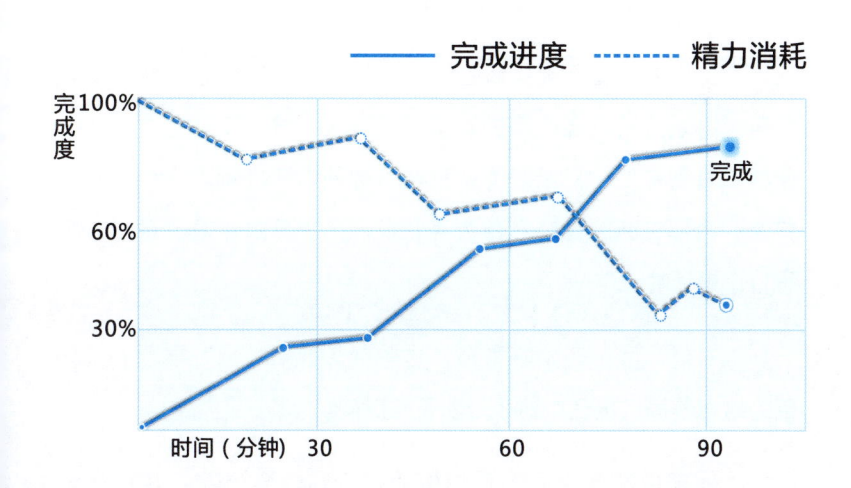

小强升职记：时间管理故事书（升级版）

接着说："这就是番茄工作法带来的节奏，根据我的观察，一般人工作有三类节奏，第一类有点像噪音，嗞——，每天都在忙，但没有重点；第二类有点像重金属摇滚音乐，每天都跟打了鸡血一样，但家人和同事们都有点伤不起；第三类是番茄工作法的节奏，有点像优美的华尔兹，嘭—嚓—嚓，嘭—嚓—嚓，嘭—嚓—嚓，工作—休息—休息，工作—休息—休息，如果是你的话，你喜欢哪个？"老付很认真地模仿着三种节奏。

"当然第三种了，我现在才知道怎么劳逸结合啊！谢谢你，我早晨用这种方法时还遇到个问题，被打断的次数太多，怎么才能不被打断呢？"

"这是一个很好的问题，你要臣服环境！"

"臣服环境？"小强又有点不太理解了。

"工作中想要不被打断是不可能的，要先接纳这个事实，然后再想办法应对。高效率的人都不是三头六臂，而是力求将被打断概率降到最低。打断分为两种，一种是内部打断，一种是外部打断。内部打断就像突然想去浇花啦，想去看邮件啦，想去给家里打个电话啦。"

"对对，我一开始吃番茄，这些杂念就来了！"早晨小强就因为给电信局打电话中断了一次番茄时间。

"外部中断就像同事请你协助啦，临时会议啦，客户来电

第三章 行动时遇到问题怎么办？

啦，等等，这些都是很正常的打断，你可以按照这样的流程处理：首先问自己'这些事情必须现在做吗？'如果答案是'否'，就把它写到收集篮里，这和'衣柜整理法'的收集部分是一样的，来自外部的不重要的打断也不要立即去做，和对方协商，看看是不是可以稍后处理，如果可以也放到收集篮里，明白了吗？这就是接纳它，然后想办法应对它。那如果答案是'是'，就果断中断番茄时间，去处理那些事情。我们要保护自己的番茄时间，这样一来你会发现，你和工作的关系就会逆转，你来决定打断是否发生。但是，如果你的番茄时间确实经常被这样的事情打断，就可以考虑缩短番茄钟的时间，比如改成15分钟，这样被打断的概率就小很多。"

小强升职记：时间管理故事书（升级版）

"啊？番茄时间还可以自己调整？"小强张大了嘴巴。

"当然啦，方法是死的，人是活的嘛，原版的番茄工作法强调25分钟是因为通过实验发现一般成年人只能集中25分钟注意力，并且每25分钟会形成条件反射。而我则会根据自己的精力设置番茄时间，比如早晨刚到公司会设置40分钟，中午快下班是15分钟，下午上班是30分钟，下午下班前是15分钟。这就是臣服啊。"

"嗯，我也有这样的感觉，时间管理也是精力管理嘛，那有没有关于原版番茄工作法的书？我想看看。"小强听到老付说"原版"，好奇心又被吊起来了。

"国内的话有一本《番茄工作法图解》，蛮不错的，你可以看看。里面还提到了如何记录、统计打断，如何分析，等等，我一开始没让你看这本书的原因是不想一开始就那么复杂，我们循序渐进嘛。"

"这个我懂！慢就是快！哈哈。"老付明白，当小强笑的时候，他就真的懂了。

"还有问题吗？"老付看了看手表，还有30分钟就要上班了。

"还有最后一个问题，番茄工作法好是好，就是感觉有点机械，有没有什么办法让这个过程更有趣一点？"

第三章　行动时遇到问题怎么办？

"你别说，还真有，我给你看看我朋友是怎么做的……看！"老付说着拿出手机登录微博，找出一条微博给小强看。

@幕后高手(周翔)：#时间管理#决定采用自创的"枇杷时间工作法"了！原理：利用枇杷的诱惑，将其转变成动力。方法：每完成25分钟工作，休息5分钟并吃掉一个枇杷；每吃4个枇杷休息15分钟。（队伍最后面的黑布朗是BOSS级诱惑，哈哈哈哈）@邹鑫-GTDLife @李长太的学习人生

↑ 收起　　☑ 查看大图　　↺ 向左转　　↻ 向右转

"这心态也太好了吧！"小强边看手机边说。

"为什么不呢？我们现代人每天都忙忙碌碌做很多事情，却几乎不奖励自己，我台湾的朋友美华有一句话我非常认同：'再微不足道的成就也要大肆庆祝！'，完成一个项目能不能给自己奖励顿大餐？搞定一个BUG能不能奖励自己下楼溜达15分钟？别小看这些对事情的反馈，这是人的天性，所以我们要臣服它。"

"臣服天性？你的意思是说玩游戏吗？"小强想起了和老付

早晨的对话。

"是的,玩游戏,游戏可以改变拖延!不过得下次了,咱们先上班吧,别迟到了。"说着,老付就起身,准备结账。

"你真会吊胃口啊,我来结账吧,我要把你伺候好!不然没下文我可难受死了。"

下午小强用老付的方法保护自己的番茄钟,果然奏效,下班前就把所有的任务都搞定了,心中充满了喜悦,于是他决定奖励自己:下班后在公司玩会儿《魔兽世界》。

"这是什么游戏?"老付站在小强后面问。

"《魔兽世界》啊。"小强没有回头。

"停一会儿!咱们聊聊 。"小强一听这话,赶紧退出游戏,关闭电脑,拉了一把电脑椅让老付坐下,两个人就这么面对面地聊开了。

"你知道全世界玩家花在《魔兽世界》上的时间加起来有多少年吗?"

"这个还真不知道。"老付的这个问题有点奇怪,小强没想到老付居然和他聊游戏。

"超过593万年!593万年前,人类刚刚学会直立行走,所以玩家在《魔兽世界》上花的时间基本等于人类进化的时间。"

第三章　行动时遇到问题怎么办？

"哇！这么夸张？你从哪儿知道的？"小强嘴巴张成了O形。

"这是我从《游戏改变世界》这本书里看到的，这本书里还提到了游戏为什么具有吸引力的四大特征，彻底颠覆了我的工作方式，明显感觉到拖延的次数少了，我给你写到纸上。

1. **目标**。游戏中的目标都很明确：'到黑森林去打败来自碧玺王国的卡里考，拿到他的月光石之后带给城堡里的铁匠，他会给你打造新武器'。可是现实生活中没有人会给你这么明确的目标，这相当于手把手教你怎么做事了，怎么办？通过沟通，把目标搞明确，我认同一句话：如果你不能把事情明确地写下来，那么就极有可能做不到。游戏中的目标大多是'伸手就能够得着'的目标，但现实中不是，老板只会告诉你说'这件事情，周五前搞定！'，这就像你只有布衣、木剑，却要直接跳到最后一关打老怪，怎么办呢？自己动手！如果你总是能像游戏里那样，把一个终极目标，分解成若干努力就能达到的小目标，不是想着一下子要搞定某件事情，而是找到实现它的路径，然后逐个搞定，那就能增强战拖力。

2. **规则**。游戏中的规则是不容逾越的，我们只需要按照规则玩就OK了，而在现实生活中，我们花在建立规则、打破规则、再建立规则上的精力太多了，如果你能够建立一两个小系统，并且把它们变成仪式，比如每天早晨到公司的第一个小时，排除干扰地搞定最重要的事，那么这就是你

给自己定的规则,养成习惯后就不容易分心。

3. **及时反馈**。游戏中你可以随时知道你的分值是多少,并且完成任务后会立即得到奖励,比如新武器、新技能、新关卡,这可以让我们不断积累成就感和满足感,充满积极的情绪去继续进行游戏。现实生活是怎样的呢?没有人会贴心到奖励你的每一次小小的成功,比如跑步十分钟、一星期没有抽烟、一次不错的当众演讲……可是这并不妨碍我们为自己建立一套反馈系统,比如写成功日记,或给自己一些小小的奖励。我前不久那个项目结束后给自己买了个 MacBook Pro,自己要对自己好一点嘛。

4. **自愿参与**。游戏总是不强迫你,但是诱惑你,现实生活中总是别人给自己下任务,而自己被迫参与,有没有办法把任务变成自己的任务?做自己喜欢做的事情?或者把任务按照自己喜欢的方式搞定,从'要我做'到'我要做',这是一个心态上的调整,所有的任务、事情,不是在给别人做,给公司做,而是做这件事情的同时在积累经验,创造机会。"老付在一张用过的 A4 纸背面边说边写下了四大特征。

"没想到你这么懂游戏!"小强摇摇头,感叹地说。

"笑话!我当年在街机上玩《KOF97》也算小有名气,方圆十里没有遇到对手!"老付说起这个很得意。

第三章 行动时遇到问题怎么办？

"你厉害！不过能不能给我举几个游戏改变工作的例子呢？"小强的注意力已经不在游戏本身上了，而是考虑怎么应用到自己的工作和生活中。

"你那么多年游戏算是白玩了！"老付说着，在纸上继续写起来。

"有三类游戏可以玩：单机游戏、局域网游戏和互联网游戏。拿做项目举例好了，首先我会和我的项目组成员一起制订开发计划，把成本、周期、模块、进度、负责人都确定下来，然后作为项目经理，我会把这些在Excel表上用甘特图的方式呈现出来，比如这样……"

老付花了一点时间，在纸上画出一张项目管理的草图，然后接着说。"把任务明确、量化、可追踪之后，就可以游戏化了，我通常会在所有任务中选出几个重要的当作里程碑，比如完成核心模块等，我在这个任务的旁边写上完成这个任务之后我给自己还有团队的奖励，比如带项目组去吃海鲜，给自己买一个心仪已久的邮差包，去大草原骑马……顺便给你透露一下，我专门有个'微梦想'清单，随时把自己想买的东西，想做的事情写在这个清单里，所以'奖品'我是绝对不缺的。这就是单机版游戏了，简单吧？

1. 使项目明确、量化、可追踪。

2. 设置里程碑，相当于游戏里的Boss。

3. 写下搞定Boss的奖励,然后一定要兑现它。"

"'目标'是完成项目,'规则'在甘特图[1]上,里程碑有'奖励反馈','自愿参与'到项目组,还真是!项目变成了游戏!"小强一个个地套用游戏的四个特征,感到很惊讶,原来如此简单。

项　目	3月	4月	5月	6月	7月	8月
任务一	▬▬▬					
任务二	▬▬▬▬▬▬					
任务三	▬▬▬▬▬▬▬▬▬					
任务四			▬▬▬▬▬▬▬▬▬			
任务五				▬▬▬▬▬▬		

---

[1] 甘特图:甘特图,也称为条状图(Bar chart),是1917年由亨利·甘特开发的,其内在思想简单,基本是一条线条图,横轴表示时间,纵轴表示活动(项目),线条表示在整个期间内计划和实际的活动完成情况。它直观地表明任务计划在什么时候进行,及实际进展与计划要求的对比。

第三章　行动时遇到问题怎么办？

"我们再来说说局域网游戏，团队效率低下有的时候是因为任务不透明：有些人总觉得自己比别人干得多，就偷懒；还有些人总是不管别人是否在忙重要的事，就打扰。我不知道你们的项目经理是怎么做的，我会用一张画布把团队里所有人的任务集中在一起呈现。画出来的话，就是这样。"

	本周计划	已完成
张××	■ ■ ■	■ ■
王××	■ ■	■ ■
李××	■	■ ■
	■ ■ ■	■
	■ ■	■ ■

玩法是这样的。

1. 每周一，大家会把本周的'重要工作'写在便利贴上，贴在画布的'本周计划'栏，用红、黄、蓝、绿分别表示最高、高、中、低优先级。值得注意的是，不要超过5件，这样可以训练评估优先、重要级的能力，也更为聚焦。

2. 每完成一件，就把便利贴挪到'已完成'那一栏，此时方可补充另一件'重要工作'上去。

小强升职记：时间管理故事书（升级版）

这是一个团队一起玩的局域网游戏，别看它简单，但很有效哦。"

"嗯嗯，知道了，这个方法我们还真没用过。开眼了！"小强在奋笔疾书地记录着。

"还有就是互联网游戏，我现在培养好习惯就像玩网络游戏。举个例子，我想培养'每天一万步'的好习惯，于是在新浪微博上搜索#每月培养一个好习惯#的标签，发现广州的@于亮HUNTLIVE和@戴振光 已经在做相同的事了，我就果断加入，买一个计步器，每天拍一张照片发到微博并@他们，如果今天没完成，他们会鼓励我，如果完成了，他们会为我说赞！现在加入我们的人越来越多，大家虽然身处大江南北，甚至有些都不认识，但却可以结伴攻顶，正能量很强的！你看——"老付打开微博给小强看。

> #每天一万步#今天要晒一下步数，应酬回到家晚上11点27分，硬是走完剩余步数才回家，耗时半个多小时。并不是我的毅力多坚强，我只是想完成它
>
> 6,649　10,339
>
> 2月26日 00:04　来自iPhone客户端｜举报　　👍(1)｜转发(7)｜收藏｜评论(15)

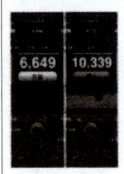

"这个太适合我了，我一直想培养早起的习惯呢！单机游戏、局域网游戏、互联网游戏，看上去真的很有趣耶！"小强很

第三章 行动时遇到问题怎么办？

激动。

"游戏化其实就是一种心态上的改变，让自己放松、积极，让事情变得更有趣一些，其实关于游戏改变拖延，还有一个终极秘密！"

"又来这一套，拜托你赶紧讲啦！"小强反而淡定下来了，他知道老付一定会告诉他的。

"好无聊！终极秘密就是：每个游戏都让玩家有很强的使命感，比如《光环》游戏是阻止外星人入侵地球、《愤怒的小鸟》是保护自己的家人……"

"是吗？这个还真没注意过！"小强听到《愤怒的小鸟》忍不住要插嘴。

"所以，想要战胜拖延，不仅要臣服精力、臣服环境、臣服天性，更重要的是找到你自己的使命，小强，你的使命是什么？"

"……"老付说完，小强已经陷入沉思，整个世界似乎一下子安静了下来，喧嚣吵闹听不到了，闪亮的霓虹灯看不到了，只有日光灯'滋啦啦'的电流声和小强内心的声音：我的使命是什么？

二、如何做到要事第一？

"Hi，老付你好，我是小强。不好意思，晚上我不能去打球了……今天忙了一天，现在没来得及写需求分析报告呢，看来必须加班了！"

时间管理管理的其实是承诺，履行承诺的能力就是时间管理的能力。老付经常把这句话挂在嘴边，尽管如此，小强还是放了老付的鸽子。

"没关系，那就下次吧！不过看来我们没办法2 VS 2了。"老付不喜欢变化，但又能拥抱变化。就像往平静的湖面扔一颗石头，会激起水花，泛起涟漪，但很快又会归于平静。

"抱歉……我也不想这样，虽然我用番茄工作法提高不少效率，拖延症也好多了，但还是会加班，真奇怪！省下来的时间都到哪儿去了？"小强觉得有点尴尬，就开始没话找话。

"琐事越做越多，要事越做越少！这样吧，我打完球回公司找你，我们聊聊如何用番茄搬走最大的石头，怎么样？"像老付这样技术出身的管理者，果然一遇到具体问题就来了精神。

"好人呐！老付！那能不能顺便给我带碗岐山臊子面？"

"好，真受不了你。"

挂了电话小强就设置一个25分钟的倒计时，开始吃番茄。

第三章　行动时遇到问题怎么办？

吃掉 5 个番茄之后，老付终于回来了，不过他让小强先享受完晚餐，然后才开始切入正题。

"你提高效率省下来的时间都被新冒出来的琐事吃掉了，这和你拼命往盆外舀水，却没有关住水龙头的效果是一样的。假设你是老板，你的一个员工效率很高，但都是在忙一些不重要的琐事，你会怎么做？"依然是开门见山的老付风格。

"当然是给他更多的琐事咯！"小强回答老付的同时，就一下子顿悟了，人要借助镜子才能看到自己的脸，老付只是递给了小强一面镜子而已。

"看来你什么道理都懂嘛！现在说说今天的事情吧！"说完，老付从包里拿出本子和笔，然后很认真地看着小强。

"好呀！是这样的，我明明知道今天最重要的事情是写需求分析，也想一大早就搞定它，可一上班就全变了样，琐事总是先被搞定，要事留在下班后没人打扰了，才开始做。我甚至开始享受这种工作方式，变态吧！"小强自嘲地笑笑。

"是够变态的，和我以前一样！能再具体点吗？有没有写时间日志？"老付问。

"还真有！大致是这样的。

今天最重要的事情是：写出需求分析报告

但从 8:00 上班开始起，就被琐事袭击：

小强升职记:时间管理故事书(升级版)

1. 接客户咨询电话,远程处理问题;

2. 项目经理来讨论数据库结构设计方面的问题;

3. 制作内部技术交流的PPT;

4. 打印一份资料,但发现打印机没有纸(因为现在实行无纸化办公),去行政部领纸,却发现打印机仍然不打印,报警灯亮,于是上网找资料维修,发现是需要重新安装驱动,但网络上找不到这款打印机的Windows 8驱动……

当把所有这些琐事搞定的时候,已经到了中午吃饭时间,还没开始动手写需求分析……下午也是类似。"

"哦,那用图画出来是不是这样?"老付现在比较喜欢用图来记录和表达。

第三章　行动时遇到问题怎么办？

"没错！没错！"小强一面佩服老付的归纳和表达能力，一面不停地点头。

"显然，你想走直线，却失去了平衡，时间黑洞[2]把你'吸'到了另外的方向，如果每天都是这样被动地接受着琐事，解决着琐事，你很快就会发现两点：

1. 工作很无趣；

2. 即使做不好，公司也不会把我怎么样，对职业生涯失去野心，进而对人生失去梦想。

从一天的工作失衡，到整个人生失衡，其实没有差别，这就是'琐事优先'的结果。"老付特别强调了失去野心和梦想。

"那为什么会'琐事优先'呢？又该如何解决？"小强和大多数的人一样，总是想得到一吃下去就立刻康复的药片，最好还是包治百病的，但那样的东西能从根本上解决问题吗？

"我认为有三个原因。

2　黑洞：由质量足够大的恒星在核聚变反应的燃料耗尽而"死亡"后，发生引力坍缩产生的。黑洞的质量极其巨大，而体积却十分微小，它产生的引力场极为强劲，以至于任何物质和辐射在进入到黑洞的一个事件视界（临界点）内，便再无力逃脱，就连传播速度最快的光（电磁波）也不例外。

小强升职记：时间管理故事书（升级版）

1. 简单、明确

拿'接客户电话，远程处理问题'这件事来说，目标明确：解决客户问题。流程明确：一共有5种造成问题的可能，挨个去试。任务简单：遇到过N次了。

我们自己也可以想想是不是这回事，看电影和写文档比起来，总是先看电影；打印文件和思考薪酬方案比起来，总是先打印文件。这就是我上次给你说的，大脑喜欢做简单的事情。

2. 即时满足

'制作内部技术交流的PPT'，可以立即得到结果：20分钟就搞定了，这就是即时满足。如果是写项目总体方案，不仅要花很长时间才能搞定，而且结果还不由自己控制，除非你是老板。这就是延迟满足。

大多数人总是倾向于即时满足。

3. 不愿改变

本来只是打印个文档，2分钟搞定，谁知道去领A4纸、修打印机，用了将近40分钟的时间，你说在这个过程中你没想过借用别的部门打印机吗？一定想到过，只不过觉得已经花了这么多时间在这件事情上，或许很快会解决掉吧，这就是沉没成本。

大多数成年人都没有理性到不顾沉没成本的地步。"老付试图让小强明白：时间管理的问题，其实是表象，往下挖，是和自

第三章 行动时遇到问题怎么办？

己的沟通方式问题，再往下挖，是不相信自己坚持的东西，再往下挖，是不知道自己想要什么。

"你说的貌似都和人的心理有关啊，那怎么解决呢？"小强还是急于得到问题的答案。

"解决的方法是做到'要事第一'。我把'要事'称作'大石头'，你可以想象一下，你开车走在盘山公路上，突然发现，路被一堆从山上滚落下来的石头堵住了，还好你自己和车都没什么事。这时候你需要将堵在路上的石头挪开，你用了3个小时把周围的小石头都清理干净了，只剩下一块50公分高的大石头堵在路的中间，这时候你的车能过去吗？当然不能。那如果给你一个重来一次的机会，你虽然费了九牛二虎之力，但是终于用了2个小时把那块大石头搞定了，接下来只需要花1个小时清理掉稍大一些的石头，汽车就可以颠簸着开过去了。所以为什么有些人必须加班，而有些人不用？因为后者搞定了所有的事情吗？不见得！他们只不过下班前搞定了要事而已，一些琐事虽然没有搞定，但仍然可以心安理得地下班。"没有理念的方法就像没有根基的房子，所以老付还是先强调为什么这样做，而不是如何做。

"原来'先搬走大石头'就是指'要事第一'啊！"小强若有所思。

"没错，做到'要事第一'有一个很简单的原则：做完必须做的琐事，就立刻回到要事上来。画成图的话，应该是这样：

第三章　行动时遇到问题怎么办？

"老付，这个好像太理想化了吧？很难做到耶！"小强挠挠头。

"是的，所以才说它是原则嘛，心里面要有这样的信念，然后再来用方法解决问题，你刚才也说了，'琐事优先'是人的正常心理，所以我们不是让自己改变它，而是顺应它。这里是最有意思的地方：'琐事优先'的原因，就是'要事优先'的方法！有点像《易经》中的阴阳：相互对立，又能相互转化。还是拿你今天的事情举例。

1. 简单、明确

写这个需求分析已经足够明确了吗？项目组讨论的结果是什么？经理的意见是什么？ 哪一点最吸引客户？除了了解客户的需求外，是否还了解客户的期待？

可以变得更加简单吗？比如请教做过类似项目的同事，或者有没有模板，相关技术资料是否熟悉？

总之，谋定而后动（明确目的、目标→搜集相关资料→行动），会让事情简单和明确，易于执行。反过来就效率比较低了：拿到任务先去行动，行动的时候四处碰壁然后才想到去搜集资料，当资料越来越多的时候需要去做取舍，这时候才想到目的、目标是什么。

2. 即时满足

我的一个朋友是这样写文案的:

- 用笔纸先写出核心观点和大纲。

- 打电话给经理沟通,得到认可后打开Word开始写。

- 迅速用最直白的话,写出标题,她发现自己以前写出个好的标题要10分钟时间。

- 用Word的样式写出大纲和核心观点,大标题、二级标题,等等。

- 填充内容,并做修改,这时候往往突然知道标题该怎么写了。

有趣的是她告诉我，这样做最大的好处是可以'断点续传'：比如刚用笔纸写出大纲，就被琐事打断，那没关系呀，处理完之后再打电话给经理不迟，刚写出标题就被打断，也没关系呀，反正心里已经有底了。

把一件大任务拆解开，能做到'断点续传'，也有利于'即时满足'。

目标不是'写完文案'，而是'整理出大纲'。

不是'写完后等待老板反馈'，而是'和老板沟通好思路'。

不是'需要40分钟时间写文案'而是'需要15分钟思考核心理念和大纲'。

这样一来，就可以满足我们立即想得到反馈的心理了，我觉得写需求分析报告也可以借鉴。

3. 不愿改变

不愿改变的话就不改变好了！在相对固定的时间段去做最重要的事情。"

"'在固定的时间段去做最重要的事情'不太可能呀，因为随时都可能被打断，而且我觉得似乎每一件事情都很重要。"小强这才说出了自己的真实感受。

"OK，那么我问你两个问题：第一，哪些事情是'要事'？"老付开始对小强进行引导。

"经理交代的事情，或者临时突发的事情？"小强回答。

"我认为不是，所谓'要事'，并不是指重要而且紧急的事情，通常在那样的情况下，我们没有选择，所以这里的'要事'是指重要但不紧急的事情，这才是切换主动做事和被动做事的按钮。

在当前工作层面上，'要事'通常和绩效直接相关。比如程序员的要事是：又快又好地写好代码和文档；项目经理的要事是：做好沟通和协调，确保项目按进度、高质量完成。

在职业生涯层面上，'要事'和下一个目标直接相关。如果程序员的下一个目标是项目经理，那他就需要在工作中多留心观察和思考项目经理的行为。

那第二个问题是：你相对比较大块的时间在哪儿？"老付继续发问。

"应该是'无'吧，每天上班都跟打仗一样，从早忙到晚，压根没有一点时间。"小强不假思索地回答。

"这是假象！你应该试试记录时间日志，相对大块时间就一目了然了。但是大部分人已经忙到没有时间写时间日志的地步，哈哈，这就是恶性循环了，我也是从任务执行者过来的，我发现一般大块时间有两个：

第三章 行动时遇到问题怎么办？

早晨 8:00—8:30，也就是上班的前半个小时，客户、经理、同事还都没有完全进入工作状态，所以相对干扰较小。

中午11:00—11:30，也就是午饭前的半个小时，其他人都开始进入'垃圾时间'了，这时候反而是你不被打扰的时候。我们不是没有不被打扰的时间，而是没有创造出不被打扰的时间。

刚才说的那两个时间段的产出，是决定能否按时下班的关键，所以我通常会结合番茄工作法让自己在这段时间里专注地做事，这就是'用番茄搬走最大的石头'。"

"哦，我明白了，用番茄搬走最大的石头是这个意思呀！我会去试试的，不过我担心其他人还是会不停地塞给我各种各样的

小强升职记：时间管理故事书（升级版）

杂事，让我过载。"小强是那种必须把事情想得很清楚，才能果断做事的人。

"我们再做一个假设：你是老板，手下有一个员工，做重要的事总是超出你的预期，做得很漂亮，但也会无法完成一些琐碎的事情，你会怎么做？"老付早料到小强会这么问。

"让他只做那些重要的事情！给他配助手或者升职。"小强略加思考之后，兴奋地说。

"可是他根本没有那么想！他只是每天搞定最重要的事而已，其他的东西自然就会来，这就是'要事越做越少'的意思，花足够多的精力在真正的'要事'上，'琐事'的水龙头自然会关上。"

"琐事越做越多，要事越做越少，真有意思。"小强回味着老付的这句话。

"是的，你慢慢就会有感觉了，如果每天做十分重要的事，就会成为十分重要的人；如果每天做七分重要的事，只会成为七分重要的人。时间管理不是做什么事用多少时间，而是用时间做什么事！小强，加油了，我看好你！"老付说完，盯着小强的眼睛，拍了拍小强的肩膀。

小强并不完全明白老付这个举动的含义。

三、如何应对临时突发事件？

"丁零零"小强正在抓紧准备下午项目评审用的PPT，桌上的电话铃突然响了。

"哦，郑经理，你好，嗯……是我写的……不是有文档吗？……好吧，什么时候要？……下午？！我正准备下午会议资料呢……那好吧……我尽量。"挂了电话，小强摘下眼镜放在键盘上，双手撑住脑袋，眼睛睁着但没有焦点，心里想："现在的程序员也太不靠谱了，看不懂代码也就算了，连文档都看不懂，都这么着急，怎么办，烦死了！"

原来，公司另外一个项目组下午要向客户演示产品，今天突然发现需要修改一段驱动硬件的底层代码，这段代码是小强一年前写的，虽然有文档，但是他们仍然不知道怎么下手，所以项目经理非常着急地打电话过来请小强帮忙。

小强最讨厌的就是临时突发事件，总是把人所有的计划全部打乱，时间管理在临时突发事件面前似乎失去了意义，因为你不管怎样写清单，都无法预知意外的发生；不管你怎么合理安排日程，都要因为临时突发事件重新调整。

"算了，赶紧改代码吧！早点搞定还不影响其他事！"小强重新打起精神，戴上眼镜，设置番茄时间，打开代码编辑器和文档。

小强升职记：时间管理故事书（升级版）

"哇，这是哪个门外汉写的代码！"小强简直不敢相信这些代码出自自己之手，到处都是"iPN"，"fSK"这样看不出意义的变量，却没有任何注释。小强赶紧打开文档看。

"这文档！无语了！"小强看着《总体设计说明书》上那些没有实质内容的段落，绝望地说。

小强只能硬着头皮像福尔摩斯那样寻找一年前的蛛丝马迹，修改、调试，修改、调试，直到12点才把代码搞定，赶紧让同事帮忙带了个汉堡当作午餐，边吃边继续做PPT，真是狼狈。

更惨的还在后面，下午的项目评审会上，出现各种意外：投影片拿错、汇报过程语无伦次、无法回答总监提出的质疑……总之，会议的结果是：项目暂时搁置！整个项目组一个月的努力毁于一旦。

小强虽然不用承担太多责任，但他却是最自责的一个，因为毕竟整个项目是由他展示和答疑的，而且老付也参加了会议，他总是想在老付面前表现得成熟稳重一点。

"都怪早晨的突发事件！否则的话，我应该能准备得更加充分，有些问题我就能提前考虑到！"小强瘫坐在椅子上，两手交叉胸前反思整件事情，他认为问题出在早晨的那通电话上。

这时突然收到老付的短信："小强，晚上有空吗？喝两杯？"

第三章　行动时遇到问题怎么办？

"正想找人哭诉，晚上见！"小强回复。

"下午的会上，你有点失常啊？怎么回事？"刚在一家烤肉摊上坐定，要了两瓶啤酒，老付有点着急地问，他估计应该已经有人给王总汇报了会议上的事情。

小强原原本本地把整件事情描述了一遍，包括他认为问题出在那通电话上。

"坦白讲，我认为责任就是在你身上，不要逃避！"老付严肃地说。

"怎么会呢？那通电话不但占用了我一早上的时间，还严重干扰了我的情绪！"小强不服。

"为什么会有那通电话？是因为你若干年前的代码写得不规范，又没有认真写文档，那时候埋下的雷，恰好今天引爆而已，你以为临时突发事件真的是'临时'而且'突发'？这是看似偶然的必然事件！你可以想象一下，有两个平行的世界。"老付说着，从包里拿出笔和纸给小强画起来。

"一个世界是一年前的你，写了一段代码和文档，一直在公司的文档服务器中保存着，埋藏着，直到前不久，另一个项目组急需这段代码，下载过去，发现看不懂，改不了。另一个世界是现在的你，昨天项目组经过讨论，修改了部分方案，你今天早晨修改PPT。如果你没有埋下那颗雷，这两个世界不会有交集。故事的结果应该是他们顺利地改好了代码，给用户演示，你也集中精力准备下午的会议，顺利地通过项目评审。但现在不同，两条平行线相交了，所谓的'临时突发事件'就产生了。Boom！雷炸开了！你说说，这是谁的责任？"老付在纸上画完后递给小强看。

事件一 **项目评审**

发生临时突发事件

有问题的代码 事件二

小强盯着图看了半天，认同地叹了口气，刚才挺直的腰板也弓了下来。

"那你说我应该怎么做呢，老付？"小强问完，和老付碰了一杯酒，喝了个底朝天。

"碰到临时突发事件的时候，没有其他的办法，只能紧急应对。首先，处理事情之前先处理好情绪，你要知道，不论多糟糕的事情，当它发生的时候就已经过去了，你再郁闷、烦躁都无法改变过去，对吗？最实用的方法就是活在当下，怎么做到呢？还是问那个老问题：'下一步行动是什么？'。其次就需要一些经验，比如今天的事情，两边都同样紧急重要，如果是我的话我会

第三章　行动时遇到问题怎么办？

首先给自己一个底线：45分钟必须改完，否则就汇报给我的项目经理，我们一起评估把下午汇报交给其他人做，还是和对方协商折中的解决办法。这只能算是紧急应对。"老付停顿了一下。

"那怎么避免临时突发事件的发生呢？"小强喜欢一劳永逸的办法。

"很遗憾，无法避免！只能尽量降低它出现的可能性和负面影响，这就需要一个我从林伟贤那里学到的理念：做事靠系统，不是靠感觉！我给你讲个我朋友李参的故事吧，有一次她受主办方的邀请，去做一个演讲，刚讲到一半，会场服务员倒水时不小心把水洒到了插板上，'啪啪……'插板冒起了火花，瞬间投影仪挂了，电脑也挂了。你说这算不算临时突发事件？"

"当然算，绝对算，那这怎么办呀？"小强笑笑，谈别人的事比自己的事要轻松多了。

"'说时迟，那时快'，这是李参的原话哦，从会场左边跑来一个男孩，抱着投影仪和插线板，从会场中间跑上来一个女孩，抱着笔记本电脑。两分钟之后，一切恢复正常！"

"真厉害！他们是怎么做到的？"小强吐吐舌头，表示惊讶。

"更厉害的是，笔记本一连上投影仪，正好显示的是李参刚才正在讲的那页PPT，我相信他们能处理得这么游刃有余，是因为主办方有一个预案系统：他们把每次遇到的意外都做到预案系统里，防止下次出现同样问题。你看，本来是一个后果严重的临

小强升职记：时间管理故事书（升级版）

时突发事件，就这样化解过去，这就是做事靠系统，不是靠感觉！"老付说完这些，和小强碰了一杯酒，一饮而尽。

"那要这么说的话，你以前教给我的时间日志、衣柜整理法、番茄工作法，都是系统咯？"小强边给老付倒酒边问。

"没错，那，你的下一步行动是什么？"老付一边用手指碰碰酒杯，一边问小强。

"我刚已经想好了，下一步行动是建立我的编码系统。首先，我要通过网络和书籍查找资料，选择一种我比较喜欢的编码规范，以后的代码就按照这样的规范写，还要看一看编程思想方面的书。其次，我会把规范打印出来，钉在我显示器后面的隔板上，提醒我。最后，我要把上周写的代码，用规范重写一遍！"小强并没有发现自己的优势，所以直到现在，他还找不到"老付为什么选择我？"这个问题的答案。

"那就记下来啊。"老付时刻都保持着对杂事的一种警觉。

"哦，对对对。"小强赶紧拿出本子记下来下一步行动，落笔的时候才发现，脑袋里想的其实并不很清晰，落笔的时候有点为难，花了一点时间才写完。

"这次再给你布置个家庭作业怎么样？"老付耐心地等小强写完，然后说。

"好呀，你说，我顺便也记下来。"小强保持记录的状态。

第三章 行动时遇到问题怎么办？

"会议，其实是公司里非常重要的部分，大多数的目标、计划、行动、总结，都是各方通过会议来沟通的，它是个收集篮，也是个触发器，所以我很关注会议的效率和质量，我最近打算更新下我们的会议系统，但我设计的话容易陷入惯性思维，需要你帮我开拓下思路。"老付其实是想拉小强站在更高一点的层面去考虑问题。

"没问题！我也早就受够了浪费生命的会议了！先喝酒，走起！"小强这种性格的人，很喜欢有挑战的任务，一下子被点燃了。

一周后，小强设计的高效会议系统出炉了，下面是小强写给老付的关于高效会议系统的电子邮件：

"Hi，老付，我把这个会议系统命名为'高效番茄会议'，从你上次教我的番茄工作法中学到的，版权所有哦。

为了方便起见，我直接把系统做成了清单形式，任何组织者只要拿到这份清单，就能轻松召开高效会议。

清单一共分三个部分。

会前

◎ 我们为什么开这次会

◎ 确定议题（不超3个）

小强升职记：时间管理故事书（升级版）

- ◎ 确定相关人
- ◎ 确定会议记录人
- ◎ 预约会议室
- ◎ 发送会议邀请、通知
- ◎ 设置行事历，提醒自己提前10分钟到场

会中

- ◎ 会议组织者的角色之一是会议节奏控制者
- ◎ 设置"番茄会议"倒计时，每25分钟必须休息5分钟
- ◎ 会议不超过1小时
- ◎ 站着开会
- ◎ 最后5分钟用来总结会议，确定每个议题都有行动计划、责任人、时间底线

会后

- ◎ 会议记录员发送会议纪要给与会成员，会议纪要符合金字塔原理：先写行动计划、责任人、时间底线，再写讨论过程。

第三章　行动时遇到问题怎么办？

谢谢你，老付，我对'做事靠系统，不是靠感觉'理解得更加深入了，我最近也在建立自己的知识管理系统、健康锻炼系统中，感恩！"

老付对小强的"高效番茄会议"系统很满意，在试用了一段时间之后就给王总汇报，然后在全公司推广，不管是组织会议的人还是参加会议的人，都觉得比以前轻松、清晰多了。

老付协助小强完成了一记漂亮的本垒打。

第四章
如何养成一个好习惯？

小强升职记：时间管理故事书（升级版）

又是一个阳光明媚的清晨，小强骑着小轮自行车，背着邮差包，里面装着工作用的笔记本电脑，迎着朝阳，悠哉悠哉地往公司骑。他的家离公司不远，骑车也就半小时的路程，但以前小强宁愿开车或者坐出租到公司，因为他总是认为这样能节省路上的时间。老付的一句话彻底改变了他的时间观："时间不是节省出来的，而是创造出来的。"

现在，迎着朝阳上班和披着晚霞下班成了小强每天的两大乐趣。他发现，原来周围的一切真的可以随着心态的改变而改变：过去复杂的东西，现在变得简单；过去的压力变成了现在的动力；过去的领导变成了现在的朋友。这就是自己想要的生活？小强问过自己这个问题，但是没有得到答案。

不过可以肯定的是，小强正在飞速成长。

Hi，小强：

这周六如果没有其他事的话，和我一起去南京出趟短差好吗？不超过一个星期，请安排一下自己的计划。

老付

小强一到办公室就收到了这封邮件。

"看看，这就是领导，永远和你用商量的口吻，永远没有商量的余地。"小强心里这样想，但是他还是非常希望能和老付一

第四章　如何养成一个好习惯？

起出差，因为这意味着他又有机会可以和老付痛快地交流了。

我们都是机器人

飞机还有40分钟才起飞，候机厅里干什么的都有：有的戴着耳塞，有的对着笔记本回邮件，有的忙着打电话，有的在看报纸，有的在和恋人说悄悄话。

"老付，我现在脑袋里突然冒出一个比较奇怪的想法，想听听吗？"小强问。

"哦？说来听听。"老付的视线从资料夹转移到小强身上。

"我不是一个宿命论者，但是，你有时候会不会觉得人的一生都是被设计好的呢？就像编程一样，我们都在严格按照自己的轨迹生存。你看看那些人，为什么大家在智力相差不大的情况下，有些人是医生，有些人是作家呢？原因就是他们都是被安排好的。"

"这还不够'宿命论'？呵呵，其实这个问题，也曾经深深地困扰我，我当时就在想，我这辈子要按照什么样的轨迹生存呢？每次在做选择的时候都希望能有奇迹出现，告诉我下一步路该怎么走。那时候甚至希望自己能像多啦A梦一样穿过时间隧道与未来的自己对话。

走到今天，我才体会到，人生就像在雪地里行走，向后看，

小强升职记：时间管理故事书（升级版）

是自己一路走来的轨迹；向前看，是白茫茫的一片。不要问'该往哪儿走'，只要回答'想往哪儿走'。自己的双脚就是书写历史的工具。"老付说。

"经典！经典！这段话我一定要记下来。"说着，小强就立即掏出了一个夹着笔的小本子。

"这是你的纸质收集篮？"老付对这个本子产生了兴趣。

"是啊，这个很方便，随身携带，有任何想法或者任务都可以随时记录下来，好记性不如烂笔头嘛。"

"现在已经养成收集的习惯了吗？"老付问。

"嗯，差不多。每次灵光一闪的时候，手就去找这个本子了。"

"你觉得养成一个习惯难吗？"

"太难了！我尝试过养成早睡早起的习惯，但都失败了，每次失败的过程都惊人相似：打印月历，贴在抬头就能看到的位置，成功一天就在当天位置画个钩，然后暗暗发誓要把格子填满。每次刚开始的几天都很激动，闹钟一响就爬起来了，直到某一天展开激烈的思想斗争：'起床吗？'，'外面好冷……连续早起好几天了……今天休息一下吧'，然后就开始三天打鱼两天晒网，最后这个习惯就不了了之了，欲望战胜了逻辑，逻辑说服了自己。哈哈……"小强自嘲地笑笑。

第四章　如何养成一个好习惯？

"那为什么收集的习惯这么轻松就养成了？"老付冷不丁地发问。

"这我还真没想过……你觉得是为什么呢？"小强一下子被问懵了。

"培养习惯的秘诀是少、慢，而不是多、快。

或许连你自己都没有察觉，你在同时培养两个习惯：早睡和早起，而且我敢打赌，你一定是想要一步到位的，比如说晚上22:30睡觉，早晨6:30起床。

养成收集的习惯则用到少和慢的秘诀：'把想到的事情写下来'这是一个明确而又单一的习惯，并且因为一开始你没有苛刻地要求自己'必须把所有想到的事情都写下来，否则就……'所以反而成功了，这一点我也是几年前才体会到，过去我也是制作表格，然后告诉自己必须每天怎样怎样，这个承诺看似非常有力量，但至刚则易脆，一旦某天失败了，这个承诺就会被打碎，所以我后来给自己的承诺是'每个月早起超过25天就好，偶尔放自己一马'。"

"难怪，原来培养习惯也是有技巧的啊！"小强刚感叹完，广播就通知他们可以登机了。

小强走在前面，老付看着他的背影微微地笑了，他仿佛从小强的身上看到了刚进公司的自己，那时候他也是一样，谦虚地学

小强升职记：时间管理故事书（升级版）

习技术，努力地学习做人，踏踏实实地成长。不过有所不同的是，他当时走得太快，没有发现身边的良师益友，一个人辛辛苦苦地成长，让自己浪费了不少大好时光……

"怎么搞的，开始怀旧起来了，我还没老呢。"老付在心里说。

"嘀嘀嘀嘀"一阵声音不高但是非常急促的闹铃声把小强从梦中惊醒。他迷迷糊糊地睁开眼睛，翻个身趴在床上，拿起桌上的手机一看，才6:30。这时候他勉强地观察了一下周围的情况，得出了4个结论：

1. 外面仍然漆黑；
2. 现在是在某地的宾馆而不是家里；
3. 闹铃是老付的；
4. 他已经在穿衣服了。

"老付，有没有搞错，有必要起这么早吗？咱们可是在出差中啊。昨天陪客户吃宵夜到凌晨1点才睡，你居然还能这么早起来啊。"

"哦，不好意思，吵到你了，我已经尽量快地按掉闹铃了。呵呵，没办法啊，已经养成了习惯，一到这个点，就睡不着了。你继续睡吧，我出去溜达会儿。"

第四章　如何养成一个好习惯？

"你真强。"小强翻了个身，继续在暖和的被窝里昏昏睡去。

午饭过后，小强和老付又聊到了这个话题。

"你每天都能早起吗？"小强问。

"基本上吧，如果不是被灌酒灌得太厉害。现在基本已经调好了生物钟，每天那个时候自动就醒了；醒来以后，想不起床都不行，因为睡不着了。这就是我昨天给你说过的'习惯的力量'。那句话怎么说来着，'首先我们养成习惯，然后习惯改变我们'。"

"奇怪了，我的意志力也不算弱，为什么培养个早起的习惯老是不成功呢？"小强说这句话是想套出老付的答案。

"我以前也是走过不少弯路，后来从三个朋友那里学到了很棒的方法，才知道以前用的方法都是力量不够的！"。

"那你就给我讲讲呗！"看到老付中计，小强心里窃喜。

"好呀，不过我讲完可是要留作业的！"

"OK！你还真是不做赔本的买卖。"

一、培养习惯首先找到驱动力

"我的第一个朋友叫战隼,他和我一样是在IT公司做项目管理,用业余时间写一个探索如何提升个人学习能力的博客,他养成的习惯是'每天阅读一本书',进行了378天,看完429本书,写了379本书的简评……"

"这人太牛了!"小强激动地打断老付。

"想知道他为什么能做到吗?"老付问。

"想知道,想知道!"

"他做的第一件事是问自己'我为什么要养成这个习惯?'并且写下来,而不是去打印什么表格。"

"原来这样啊,那他的答案是什么?"

"你还真是八卦……不过我也一样,呵呵,所以我发邮件问他同样的问题,给你看他的回复。

我为什么要每天阅读一本书。

1. 强烈的好奇:看看保持这个习惯一年会有什么事情发生,因为我看到李欣频、梁文道、本田直之都有这个习惯。

2. 消灭买了没看的书:电子书和纸质书加一块,按照现在的读书进度,估计一辈子都读不完,有很多精彩的书,放在

第四章　如何养成一个好习惯？

那里，总是想有时间再看，几年过去，一直都没有时间。所以我决定坚持阅读，不留遗憾。

3. 实践读书方法：所有人都说书要精读、要慢一点，我只是部分同意这个观点。对于经典的好书是需要精读，要知道以前的"学富五车"，换到现代才是几本书的信息量。 时代已经不一样了，书的含量和数量也不同了，没有必要每本书都精读，必须要学会在短时间内判断一本书的价值，然后快速阅读，吸收一本书的精华。这样你才会有吸纳知识的优势。"老付搜索到那封邮件给小强看。

"从他的故事里你体悟到什么？"老付突然问。

"让我想想……是表格没有用吗？" 或许因为太激动了，小强脑袋里一片空白。

"我的感悟是驱动力>约束力，养成习惯就是打开一扇从里面锁住的门，用约束力在外面猛砸有时也管用，但不如用驱动力从里面打开那样优雅、有效，记住：力量来自于你的内心。

所以培养习惯首先要找到驱动力！

二、再微不足道的成就都要大肆庆祝！

第二个朋友是来自台湾的美华，一个普普通通的女孩，她自从读了《晨间日记的奇迹》（佐藤传 著）之后，就决定每天早起，并且说出一句深深打动我的话：'再微不足道的成就，都要大肆庆祝'。我给你看一段她坚持400天早起后制作的视频：21天，用一顿丰盛的早餐，为这小小的成就庆祝！66天，给自己鼓掌说赞！98天，用一顿牛排大餐提前庆祝历史性的100天！迟来的

第四章　如何养成一个好习惯？

200天纪念和生日礼物是GRD Ⅲ相机，从此用影像来记录身边的美好事物！365天，一周年！为自己准备一块精致的水果蛋糕，再插上一根炫彩的蜡烛！400天，用亲手制作的影片来纪念和传播早起的力量。

看完这个故事，你有什么感觉？"老付的眼睛紧紧地盯着小强。

"我觉得她很细腻，很沉静，相比之下，我有点粗糙和浮躁了。"小强很认真地说。

"你完成一个任务的时候有没有给自己奖励？有没有为一个项目的结束而庆祝？会不会因为度过一个高效的时段给自己鼓掌说赞？任何东西的价值，来自于你赋予它的意义，比如说每天吃掉一个苹果当作对自己辛苦一天的奖励，在你赋予苹果意义之前，它只是一个普通的苹果，吃得匆匆忙忙甚至不知道它的味道，赋予它奖励的意义之后，这个苹果会吃得更加有滋味。

这是我从美华身上学到的，培养习惯要给自己奖励！

三、培养习惯不是一个人的事！

第三个朋友叫马超，他创办了一个线下俱乐部，里面聚集了很多有正能量的伙伴，因为工作的关系，他需要阅读一些英文资料，但词汇量是个门槛，于是他尝试了若干方法，使用了若干软

小强升职记：时间管理故事书（升级版）

件，都没有养成背单词的习惯，后来他突然萌生一个想法：为什么不在俱乐部里看看有没有培养同样习惯的？

有了想法之后他就找到了一款特别有意思的背单词软件：不背单词。名字有点奇怪，但是它特别适合很多人一起玩背单词的游戏。规则很简单：大家每天用'不背单词'背单词，然后在QQ群里每天打卡：今天背了40个单词，已经持续89天。没想到这一下子把大家的热情引爆了，第一批就有15个人加入，如果有人没有打卡，大家就纷纷给他打气，甚至还专门打电话鼓励，如果有人达到了自己设置的里程碑，就一起出去庆祝，真的很High！在实体社群的氛围中，马超背单词已经235天了，你觉得怎么样？"

"我原以为培养习惯是一件不停抽打自己，用超人的意志力才能完成的事情，原来也可以这么有趣！"小强由衷感慨。

"没错，所谓成长，就是做那些让你不舒服，但还不至于痛苦的事情。好！那么作业来咯！你能参考我朋友们的方法，做一个自己的习惯培养计划吗？"

"做作业没问题，不过我有一个问题能先问问吗？"

"好呀！"老付舒服地靠在椅背上，等着小强的问题。

"我们为什么要千方百计地自律呢？"

"因为自律即自由！这句话是康德说的，你想想看，当早晨闹钟响起的时候，你想要起床锻炼身体，结果你还是赖床了，这时候你的主人是谁？不想起床的欲望！我们换一种结果，闹钟响

第四章　如何养成一个好习惯？

起，你真的就起床锻炼身体了，这时候你的主人是谁？是你自己！这才是自由！所以，我们不是在培养习惯，也不是在时间管理，而是在选择内心自由的生活方式！"老付为小强问出这样的问题深感欣慰，他最担心的事情没有出现。

"还有最后一个问题：'为什么是我？'"小强终于直接问出了这个困扰他很久的问题，老付从椅子上重新坐直，双手交叉放到桌面，想了3秒钟之后，他决定回答小强这个问题。

"因为你简单！你可以舍弃你不喜欢的东西，哪怕它对你有好处，比如喝酒吃饭拉关系；你可以放下评判按照我说的做，比如当时你很认真地写时间日志。这是像孩子一样的初心，很难得。但是，这些成长的原因未来又有可能成为你的阻碍，所以，简单，不是优点，也不是缺点，只是你的特质而已。我看好你！"

小强升职记：时间管理故事书（升级版）

"谢谢你，老付。"小强心里踏实了。

"那你听了这些故事以后，打算如何养成早起的习惯呢？"老付问。

"这个嘛……我想好了给你发邮件！"

✉ **E-mail**：小强的作业：养成早起的习惯

Hi，老付：

下面是我的作业，最困难的部分就是问自己"为什么要养成这个习惯"，我在A4纸上写了33个答案，都没有很兴奋的感觉，直到我突然冒出一个想法……

1. 我为什么要养成这个习惯？

我想写一本时间管理故事书，清晨的时间最适合了，中午可以补觉。

2. 我打算如何奖励自己？

◎ 21天：Apple G6无线键盘

◎ 66天：Jot Pro 电容笔

◎ 100天：去丽江碰碰运气

◎ 200天：待定

◎ 300天：待定

◎ 365天：待定

3. 有谁和我一起来？

当然是老付你啦！我已经加了你的微信，明儿早吼你！

第五章
如何让想法落地？

小强升职记：时间管理故事书（升级版）

一、用S.M.A.R.T法则厘清目标

"咔哒"一声，精致的台灯用霸道的亮光刺破了黑暗，小强的眼睛眯着，直到慢慢地适应了这亮光，现在是早晨6：35分，因为是冬天，外面还是一片漆黑，书房里面也到处是冰凉的感觉。这是一个普通的早晨，让人厌倦。

7年的职业生涯也同样让人厌倦，小强从刚刚入职的毛头小子，到技术上的行家里手，再到各项目组竞相争取的公司骨干，其实并没有太大的不同：每天坐在同一个工位，经常打交道的也就十来个同事，工作内容无非就是敲代码、写文档，该加班就加班，该休息就休息。在一个地方待久了，就逐渐发现生活不那么刺激了，就像列车在两个城市之间的轨道上行驶，窗外的风景看得多了，也就腻了。

小强想要"出轨"，最近一段时间这种感觉越来越强烈，可是又说不清楚，于是他决定给老付发一条短信："早上好！老付，你会不会偶尔觉得生活很无聊？"

过了一会儿，老付回过来几个字："晚上球场见！"

老付回复短信时非常纠结，写好大一段，删掉，换一种方式写，又删掉，最后还是决定晚上当面聊。每个人所要经历的何其相似：从天真无邪、懵懂无知，到老成世故、阅历丰富，再到豁达觉悟、快乐幸福。问题是，你是否做好了准备？！所以老付也

第五章 如何让想法落地？

不太确定自己对小强进行的引导是否恰当，但能确定的一点是，这些都是发自内心的。

"年轻人体力无限啊！"一场激烈的比赛结束之后，终于有时间坐在一起聊一聊。

"喊！还不是照样输给你。"小强撇着嘴说完，赶紧灌了几口水。

"你早晨发短信问什么来着？"老付擦完汗之后故意问小强。

"噢，我问你会不会偶尔觉得生活很无聊？我感觉生活没激情，最近这种感觉很强烈啊！"

"你知道为什么是'最近'才有这种感觉吗？"老付问，小强茫然地摇摇头。

"因为你渐渐掌控了生活中琐碎的杂事，所以自然而然就会站在更高的位置审视现在的人生了。过去我教给你了很多方法，时间日志、四象限法、猴子法则、衣柜整理法、番茄工作法、要事第一、做事靠系统，等等，这些其实都只有一个目的：管理好自己的行动，那接下来会怎么样呢？就会想：我为什么要做这些事？我还能做什么事？时间管理最关键的能力是自律，最重要的能量是热情，所以我支持你去做内心真正想做的事，即使你说要离开，我也强烈地支持你！"老付接着说。

"我脑袋里冒出一个词：饱暖思淫欲。哈哈。"在放松的环境下，小强也放松下来了。

"还真差不多！这么多年下来，我对人生的感悟就两个字：

平衡！不仅是像跷跷板那样，在工作和生活之间的平衡，那把人生还是看得太简单了，至少还应该包括事业、梦想、健康、人际、财务、心智，如果每一个方面用一种颜色代表的话，那么它们就组成一个调色板，你自己可以用画笔调制出你想要的颜色，画出你想要的图画。这就是参差多态的平衡。所以，除工作以外，你还想做什么？"老付式的单刀直入又来了。

"这个嘛……我只觉得现在的生活很无趣，想做点有意义的事，但你要问我具体想做什么，还真的不知道。"老付的问题让小强又陷入思考，他低下头，盯着自己的球鞋，汗水一颗一颗地滴在地板上，向四面八方溅开。

小强沉默了一会儿，仿佛想起来什么一样，又接着说："不过说真的，老付，有一段时间我特别想创办一个社群……"

"好事啊，你怎么萌生的这个想法呢？"

"那还是我上大学的时候，有一次无聊，想出去走走，就一个人到成都旅行，住在一家青年旅舍，没想到因此认识了很多朋友，他们来自各行各业，年龄也有大有小，但都是特别有故事的人，那些天我们白天出去玩一整天，晚上喝酒聊天到半夜，特别开心！所以回来之后我就有个想法：创办一个社群，聚集一群有趣的朋友，听一听彼此的故事，其实，每个人都有自己的故事，人生就是一场经历，听听别人的故事，书写自己的经历，不是很棒嘛！但是，因为迟迟没有付诸行动，后来也就不了了之了。哈

第五章 如何让想法落地？

哈。"小强尴尬地笑笑。

"哇，小强，你很棒喔！那现在还想落实这个想法吗？"老付有点激动地拍了拍小强的肩膀。

"不提还罢了，一提起来我又热血沸腾了！嘿嘿。"小强挠着头傻笑。

"你知道为什么迟迟没有付诸行动吗？因为'想要创办一个社群'只是一个想法，这个想法出现的时候，你会不断地憧憬、构筑愿景。比如：这个社群以后要成为西安最有价值的俱乐部，到时候大家一起投资一家咖啡馆当作专门的交友场地，还要做捐献智慧这样的公益活动，等等，可这些只能让你越飞越高，成为飞行在三万英尺高空的飞机，这只做了一半的事，另外一半是让这架飞机顺利着陆，这才能说是完成了一次美妙的旅行，否则的话会燃油耗尽而坠毁的。

所以你不要让它只停留在想法，尝试把它变成自己的一个目标，你不妨先用**S.M.A.R.T**法则厘清你的目标。"

"Smart法则？"

"是的，它是制定目标的**5**个原则。

S——Specific

这里指的是目标一定要明确，不能够模糊。

小强升职记：时间管理故事书（升级版）

M——Measurable

目标的可衡量性。是否有一个实现目标的标准。

A——Attainable

目标的可实现性。一个目标必须是可以实现的，或者说经过努力是可以实现的。

R——Relevant

目标必须和其他目标具有相关性。完成这个目标对你的其他目标有何帮助？

T——Time-based

目标必须具有明确的截止期限。 即一个目标只有在一定的时间内达成才有意义。

这样的话，你的这架飞机就准备开始着陆了。"老付从身边的包里拿出一个小本子，取出一支笔，边说边写。

"哇，出来打球都带着本子啊？"小强惊讶地脱口而出。

"习惯了，为了方便你理解，我把这5个原则转换成5个问题。

1. 你想创办一个什么样的社群？

2. 怎样才算成功创办了这个社群？

3. 你觉得可以做到吗？

第五章 如何让想法落地？

4. 你创办这个社群的目的是什么？

5. 打算在什么时间之前完成这件事？

给你，希望对你落实想法有帮助。"老付把两张纸都撕下来递给小强，他小心翼翼地接过来，叠好放到自己的钱夹里。

对于小强想做的事情，老付颇感意外，做技术的人通常都是对"事"比较感兴趣，而小强则是对"人"感兴趣，这其实是从程序员到项目经理最难转换的部分，很多优秀的程序员当上项目经理之后，都会被沟通、协调之类和人打交道的事情所困扰，结果程序写不好，项目也管理不好，很可惜。

"看来我没有选错人。"老付对自己说。

虽然老付只写下了5个问题，但是可能要思考50个问题才能得出答案。

小强从来没有对目标本身进行深入的思考，以前他总是在脑子里为自己设定一个模糊的目标，虽然设定目标的过程非常痛快，但是几乎没有一个能顺利达成，就像在浓雾中找一条船那样困难。

"或许这样才是在设定一个真正的目标吧。"小强心里想，"一个好的目标应该像浓雾中的灯塔一样，建造它的时候虽然颇费工夫，但是它将照亮我们前进的道路。"

一周后，小强约老付在一家茶馆见面。

小强升职记：时间管理故事书（升级版）

"给你交作业咯，这些问题真的让我厘清了很多事情。"小强打开自己的本子，翻到某一页后递给老付，上面的记录如下。

1. 你想创办一个什么样的社群？

答：我想在西安创办一个能够帮助大家提高行动力的社群。行动力不是高效完成别人交代的事情，而是完成自己想做的事情，我们时常会冒出让自己激动的很棒的想法，可是很多都没有落地就渐渐淡忘了，人生因此少了很多体验和乐趣。

PS：我现在知道为什么会感到无聊了，因为我做了太多别人让我做的事，却几乎没做自己想做的事。

2. 怎样才算成功创办了这个社群？

答：第一次活动成功举办，哪怕只有两个人！

3. 你觉得可以做到吗？

答：其实一直都可以做到！

4. 你创办这个社群的目的是什么？

答：（1）认识有趣的人。

（2）提高行动力，传递正能量。

（3）训练自己的领导力。

5. 打算在什么时间之前完成这件事？

答：11月1日之前，也就是半年后。

二、用思维导图梳理计划

"现在目标已经明确了，那接下来做什么呢？"小强知道孙猴子跳出水帘洞——好戏在后头。

"你还挺着急，实现目标的关键是将目标转变成计划。没有计划的目标就像是在很高很高的树上的果实，是没法摘到的，呵呵，我先问问你，你觉得创办社群这件事是个行动、任务，还是项目？"

"当然是项目了！一个人搞不定啊。"小强回答。

"那还记得项目的下一步行动是什么吗？"老付接着问。

"是建立框架！"

"所以我们今天就一起建立完成这个项目的框架，我建议咱们用思维导图，这是托尼·巴赞创造的适合梳理思维的工具。它用起来很简单，给你看几幅图就明白了。"老付从包里取出几张打印出来的纸给小强，然后继续说。

"那接下来我们就开始动手吧!我定一下规则,一共分三轮,每一轮我们都有不同的任务。

第一轮:我们分别在纸上写出创办社群需要考虑哪些方面的因素,不需要太细致,就像目录一样,然后我们把咱俩的汇总在一起,组成思维导图的第一层,这就是所谓的框架。

第二轮:我们共同针对每个因素进行发散思维,这期间可能又会冒出新的想法,先记录到便笺纸上,所有因素发散完之后,再做讨论。

第五章 如何让想法落地？

第三轮：做减法，哪些是不适合在刚起步的时候做的，哪些能再做精简？

怎么样？如果可以的话，我们就开始吃番茄咯！"老付用单独的一张纸写下了头脑风暴的规则，并且拿出了倒计时器。

"开始吧，等不及了！"

老付和小强吃掉8个番茄之后，1.0版本的思维导图已经新鲜出炉了，并且小强的社群有了一个名字："西安木立方成长俱乐部"。

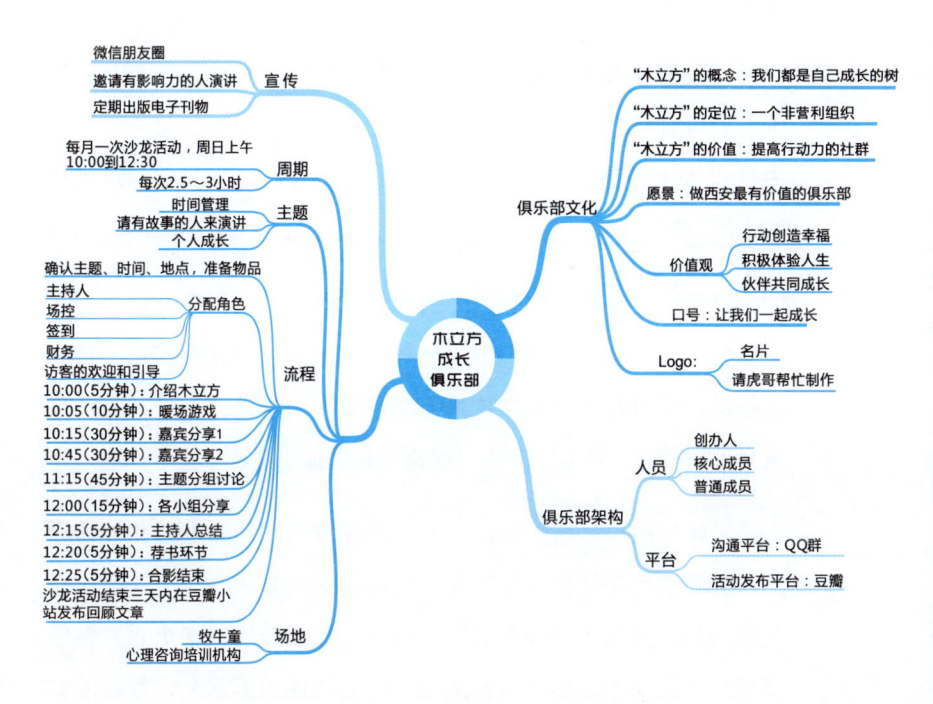

木立方成长俱乐部

- **宣传**
  - 微信朋友圈
  - 邀请有影响力的人演讲
  - 定期出版电子刊物
- **周期**
  - 每月一次沙龙活动，周日上午10:00到12:30
  - 每次2.5～3小时
- **主题**
  - 时间管理
  - 请有故事的人来演讲
  - 个人成长
- **流程**
  - 确认主题、时间、地点，准备物品
  - 分配角色
    - 主持人
    - 场控
    - 签到
    - 财务
    - 访客的欢迎和引导
  - 10:00（5分钟）：介绍木立方
  - 10:05（10分钟）：暖场游戏
  - 10:15（30分钟）：嘉宾分享1
  - 10:45（30分钟）：嘉宾分享2
  - 11:15（45分钟）：主题分组讨论
  - 12:00（15分钟）：各小组分享
  - 12:15（5分钟）：主持人总结
  - 12:20（5分钟）：荐书环节
  - 12:25（5分钟）：合影结束
  - 沙龙活动结束三天内在豆瓣小站发布回顾文章
- **场地**
  - 牧牛童
  - 心理咨询培训机构
- **俱乐部文化**
  - "木立方"的概念：我们都是自己成长的树
  - "木立方"的定位：一个非营利组织
  - "木立方"的价值：提高行动力的社群
  - 愿景：做西安最有价值的俱乐部
  - 价值观
    - 行动创造幸福
    - 积极体验人生
    - 伙伴共同成长
  - 口号：让我们一起成长
  - Logo：
    - 名片
    - 请虎哥帮忙制作
- **俱乐部架构**
  - 人员
    - 创办人
    - 核心成员
    - 普通成员
  - 平台
    - 沟通平台：QQ群
    - 活动发布平台：豆瓣

"真的很棒,我们已经梳理了创办社群的行动清单!今天就先到这里吧,飞机又降低一点高度哦,我晚上还有点事情,建议你回去以后用甘特图的方式,制订实施项目的计划,这个不用我多说了吧?"老付边说边收拾东西,然后起身离开。

三、用甘特图掌控进度

"这个我会,只是没想到还可以用到创办社群上,哈哈,那咱们改天见咯!"小强也站起来,目送老付出去。

其实有很多的方法和工具,都被先入为主地局限了应用范围,就像甘特图,它是显示项目进度、时间、成本的简单工具,由亨利·甘特创造,小强在工作项目中经常使用,但是缺少对工具的深层理解。

好在经过老付的提醒,小强开始试着用甘特图来计划木立方成长俱乐部的项目。他们做思维导图的时候,就已经梳理出若干的行动,还有截止日期,这是行动层面,是基础;而甘特图则用来呈现里程碑、进度、时间,这是项目层面。

思维导图和甘特图用途不一样,思维导图用来发散和梳理思路,甘特图用来评估总体进度,所以,如果是一个时间跨度比较久的项目,或者多个项目同时进行(比如小强可以把木立方俱乐部项目和公司里其他项目都放在一份甘特图里展示),甘特图就

第五章　如何让想法落地？

可以派上用场。

小强做甘特图一共经过了以下三个步骤。

1. 这个项目有哪些里程碑和任务？里程碑和任务不同，里程碑是关键节点，通常关键节点的进度如果滞后，就要重新调整计划，而任务在短时间内的超前、滞后都没有关系。

2. 每一个里程碑和任务的时间期限是什么？这是计划进度，很考验做项目的经验，设置好之后如果总是调整，那就很有挫败感。

3. 分别由谁负责？分工明确，如果有多个人负责同一个任务，那就需要标明谁是主要负责人。

小强用Excel做好了甘特图后相当得意，因为他通过技术手段使甘特图具备了进度跟踪的功能：灰色的进度条表示计划进度，蓝色的进度条表示已完成进度，跟在任务后面有一列是"已完成百分比"，这个数值一变化，蓝色的已完成进度就跟着变化，一目了然。

"老付，给你看我做的木立方项目计划，飞机持续下降中！"小强约老付下班后在会议室见面，然后用投影仪展示做好的甘特图。

小强升职记：时间管理故事书（升级版）

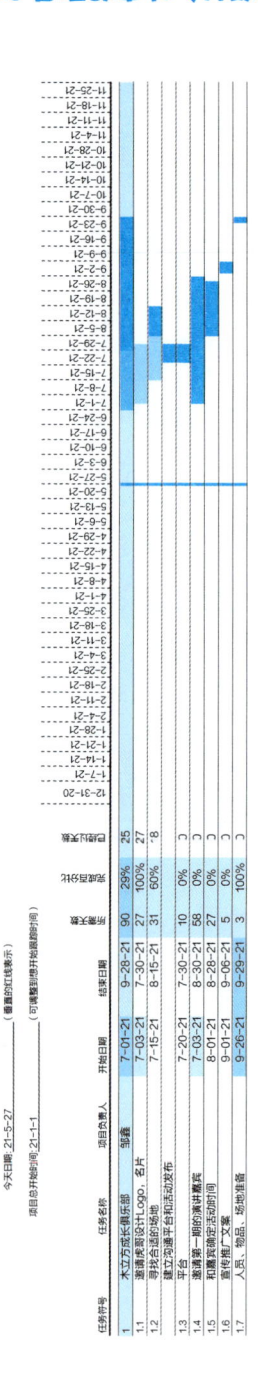

木立方成长俱乐部

项目总负责： 小强
今天日期：21-5-27
项目总历时开始日期：21-1-1

（蓝色虚线表示）
（可调整到想开始监察的时间）

任务序号	任务名称	项目负责人	开始日期	结束日期	持续天数	完成百分比	剩余天数
1	木立方成长俱乐部	邹鑫	7-01-21	9-28-21	90	29%	25
1.1	邀请家长设计Logo、名片		7-03-21	7-30-21	27	100%	27
1.2	寻找合适的场地		7-15-21	8-15-21	31	60%	-8
1.3	平台		7-20-21	7-30-21	10	0%	0
1.4	邀清第一期的演讲嘉宾		7-03-21	8-30-21	58	0%	0
1.5	和嘉宾确定活动的时间		8-01-21	8-28-21	27	0%	0
1.6	宣传推广文案		9-01-21	9-06-21	5	0%	0
1.7	人员、物品、场地准备		9-26-21	9-29-21	3	100%	0

186

第五章 如何让想法落地？

"嗯，再下来就是行动管理了，可以用'衣柜整理法'，这是飞机的起落架……你的这个项目计划得蛮不错的嘛！"在小强富有激情的介绍中，老付频频点头。

"必须的，毕竟这是我现在最重要的事。"

四、用九宫格平衡人生

"不过，不要从一个极端走向另外一个极端哦，人生处在动态平衡的状态是最舒服的，最基本的就是工作和生活的平衡，你有没有记录过每天花在工作和生活上的时间比例是多少？"

"我写时间日志的时候统计过，除睡觉以外，花在生活上的时间连工作的一半都不到。"小强以前注意到这个平衡问题。

"怪不得没有女朋友，哈哈，开玩笑。这就是失衡，通常让我们疲倦的，不是劳累，而是这种失衡之后的枯燥乏味。"

"那怎样才能做到平衡呢？"小强着急地问。

"要做到平衡首先要有一个平衡的目标。大多数人都忽视了一个事实：我们是身兼多个角色的，工作时是项目经理，在家时是儿子、老公或父亲，还有一个重要角色就是我们自己。通常在事业上我们会制订目标和计划，也就是所谓的职业生涯规划，可是在家庭和自己的人生上，制订的目标和计划却少得可怜。我们过于认真地工作,却不够认真地生活。"

"老付,能举个例子吗?我还是不太懂耶。"

"好的,来,我给你画到白板上。"说完,老付走到白板旁边,在上面画了两横两竖,像是一个"井"字。

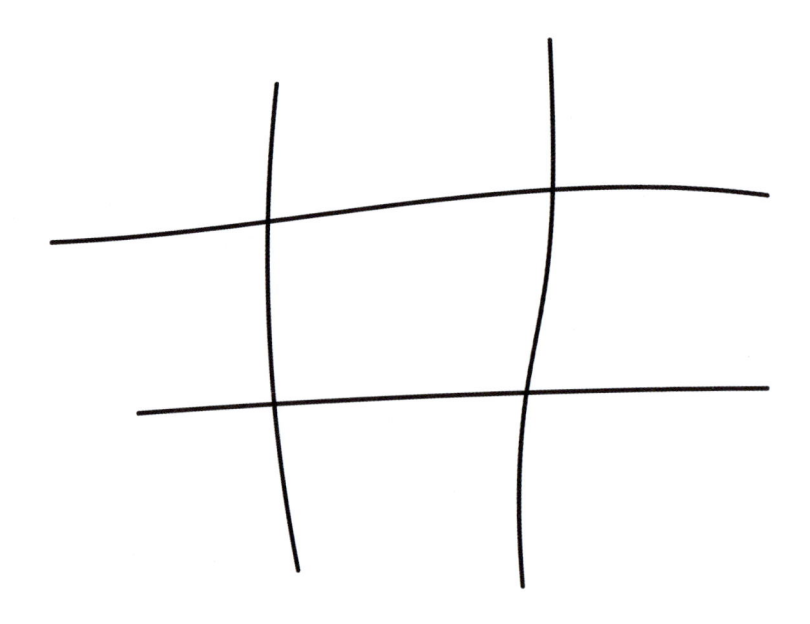

"我认为人有五大需求,分别是心灵、健康、情感、心智、财务,这些需求的平衡满足,才是富足的人生,所以我以此制订我的年度目标:"老付分别在格子里填上"心灵/成功日记""心灵/微梦想""心灵/事业""情感/人际关系""情感/家庭""心智/阅读,技能""健康""财务"。

第五章 如何让想法落地？

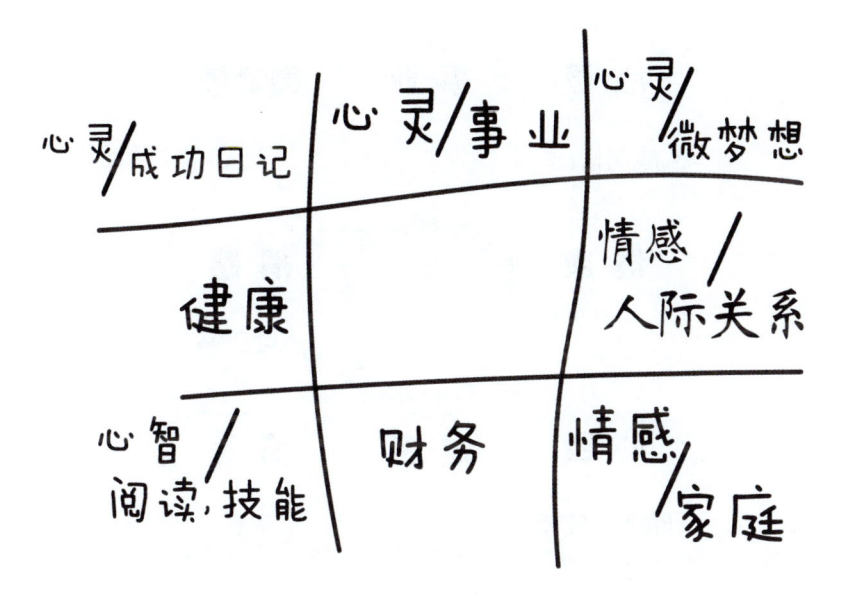

心灵/成功日记	心灵/事业	心灵/微梦想
	健康	情感/人际关系
心智/阅读,技能	财务	情感/家庭

"我简单举例啊，每种需求的目标是这样的。"老付边说边在白板上继续写。

心灵 / 成功日记：每天一篇成功日记

心灵 / 微梦想：完成10个微梦想

心灵 / 事业：写一本书；每周更新一篇博客

情感 / 人际关系：和这些朋友至少每月沟通一次

情感 / 家庭：每周煲汤给家里人喝；带家里人出去旅游一次

心智 / 阅读，技能：读50本书，写50篇读书笔记

健康：每天6:30起床；每周有氧运动2次

财务：保密

心灵	事业	微梦想
成功日记		
健康	🕒	情感
		人际关系
心智	财务	情感
阅读，技能		家庭

"哦，原来创办木立方俱乐部的目标只是'微梦想'里面的一部分！我慢慢明白了，我以前总是陷在事业的格子里，现在跳到了微梦想的格子里，但这都不是平衡的关键，平衡是要跳出框框，站在更高的角度看到我一共有多少个格子需要照顾！"

"是的，每一个格子里的目标都可以用思维导图和甘特图去梳理和组织。有点像飞机慢慢爬升的感觉吧？由一个点看到整个面了。"

"确实有点！那中间那个空着的格子用来填什么呢？"

"这个工具叫作九宫格，它的作用是让我们更加均衡地去看事情，所以这九个格子里面的内容你都可以改成适合自己的，

第五章 如何让想法落地？

千万不要被工具限制住了。对我自己而言，中间的格子用来填个人价值观、使命和愿景。这是很难悟到的东西，也有可能随着经历的丰富而调整，所以目前我只能确定价值观是：行动、利他、系统化；个人愿景是：高效率、慢生活；至于使命嘛，还在寻找中，呵呵。"

心灵/晨间日记	事 业	微梦想
○每天一篇晨间日记	○写一本书 ○每周更新一篇博客	○完成10个微梦想 ☑学习煲汤 ☐我想去台湾旅行 ☐我想去日本旅行 ☐我想学习英语阅读 ☐我想到大草原上策马奔腾 ☐我想学习弹吉他 ☐我想种一盆花 ☐我想学习围棋 ☐我想要一个大玻璃白板
健康/食、动、静 ○早晨6:30起床 ○每周两次有氧运动	2021年　月　日 ○什么年：创业元年 ○个人价值观： 【行动】【利他】【系统化】 ○个人愿景：高效率、慢生活	情感/人际关系 ○和keyman至少每月1次沟通 ☐许亮（技师、产品经理） ☐于凡（支持者、领导者） ☐南强（支持者、创业） ☐张栋（明星、社群建立） ☐邓飞（商人框架思考沟通） ☐薛莉莉（商人、品牌运营）
心智/阅读，技能 ○看50本书，写50篇读书笔记	财 务	情感/家庭 ☐煲汤给家里人喝 ☐和家人出去旅游一次

"哇，真是太棒了！你最近教给我的东西真是让我大开眼界！"

"总结下来就是这张图,飞机飞到高空之后还要落地,我给你画出来,左边其实是David Allen在《搞定》这本书里提到的六个高度,从下到上分别是行动、项目、角色、目标、愿景、原则。右边是规划它们的工具。

你原来说'想做点有意义的事',我理解就是朦朦胧胧的愿景,所以我们先是一起让它更加清晰。接着用S.M.A.R.T法则厘清了具体的目标:创办木立方成长俱乐部。又发现其实这只是你的角色之一,每个角色都有需要落实的项目,项目又是由若干行动组成的,这时候思维导图、甘特图和行动清单就派上了用场。至于最上面的原则嘛,没有任何的工具能帮到你,需要自己去悟,不过有一点可以肯定的是,原则一直都在那里,等着你去察觉。"

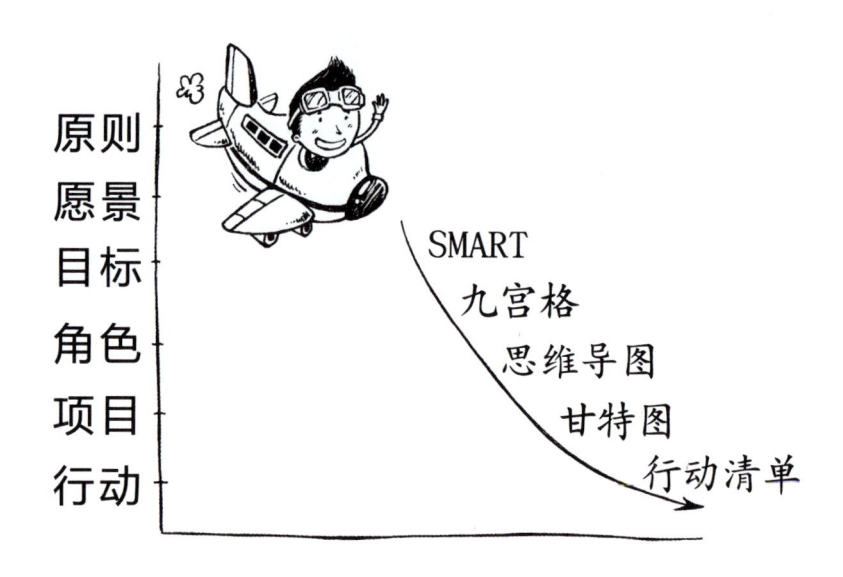

第五章　如何让想法落地？

"我只能说,这一整套的东西太赞了,像圣斗士的黄金圣衣!不仅仅让我的一个想法落地,更是让我对未来的规划充满信心。"小强对老付竖起了大拇指,然后接着说:

"我还有一个问题没有想明白,详细的计划不等于就会去执行,那做如此详细的计划又有什么意义呢?"

"这是一个非常好的问题!我以前有个非常不好的习惯,就是喜欢'把玩目标'。我会很完美地从'六个高度'去设定目标,并且制订计划,然后会经常将自己的目标拿出来欣赏。这些目标就像一面魔镜,似乎让我看到了自己今后的生活,但仅仅是'看到'。

简单地说,我喜欢设定、分解目标超过执行它,因此在很长一段时间内我都在做白日梦,把大片的时间花在如何制定一个完美的人生规划上,而恰恰忘了去执行。对制定目标很苛刻,而对自己没有按照计划执行很宽容。现在想起来,那时候真的很傻。所以我建议你:不要做一个收藏家,而要做一个建筑工。

建筑工盖房子之前拿到的是什么? 图纸!那就是目标和计划,它的意义就是房子竣工之后让你说:'是的,这就是我想要的!'我们既是自己人生的设计师,也是建筑工。"老付说完看了看表,时间差不多了,会议室一会儿还要用,于是就擦掉白板上的东西,和小强离开了会议室。

宁静的夜晚,小强在自家阳台上喝着咖啡,望着繁华的街道和万家灯火。他住在20层已经5年多了,但从来没有心情和时间来

小强升职记：时间管理故事书（升级版）

阳台欣赏夜色。他今天第一次感觉到，原来在20层看到的世界竟是如此美妙，眼前的世界就是自己每天忙碌工作所在的那个世界吗？宁静的夜晚就是以前熬夜加班的夜晚吗？现在平和的自己就是以前烦躁的自己吗？

"原来站在这个高度去看世界，真的不一样。"小强这样自言自语着。突然，他不由自主地笑了。自从大学毕业以来他就几乎没有这样愉快过，这连小强自己也感到惊讶。

最近他觉得很多变化发生在自己身上：做事情的效率和态度更加高效和主动，与同事们的关系更加融洽，最重要的是自己的心态更好了。

"这难道就是'心境如水'的感觉？"小强心里想。他原来对工作的理解是：按时上班，做好自己的事情，然后下班。但是现在他开始充分地享受工作的每一分钟，因为每一分钟都是他成长的机会。他以前总是将注意力放在如何解决问题上，而现在，他有了更多的精力去思考如何将事情做得更好。

在灯火阑珊处，小强仿佛听到了种子在心里生长时发出的声音。这颗种子已经停止生长很多年了，直到小强有时间再次思考自己的人生时，种子才又一次充满成长的力量。

"是该重新规划未来的时候了！"小强回到了书房，开始制定自己的人生规划。

他现在越来越相信老付说过的一句话："优秀的人有优秀的系统，普通的人有普通的系统，失败的人没有系统！"

第六章
建立高效办公区

小强升职记：时间管理故事书（升级版）

两周后的一个上午，王总将所有人召集在一起，宣布老付调任技术总监的同时，也宣布了小强将接替老付的位置，成为项目经理。在场的所有人无不张大了嘴巴，边鼓掌边纷纷交头接耳地议论着。

"祝贺你，小强，看到你这么快地成长，真替你高兴，希望继续努力！"王总握着小强的手说。

"谢谢王总，我一定不辜负您的期望。"小强很淡定地笑着。他曾经很多次在入睡之前想着，当这一刻到来的时候，自己应该如何去迎接：喜极而泣？手舞足蹈？还是手足无措？从来没想过这一刻真正到来的时候自己竟会如此平静。

原来有些东西当你站在某个高度、某个角度的时候，自然就会了；当你成长到一定程度的时候，就自然地成熟了。

小强还记得他小的时候，特别崇拜自己的父亲，所以尽力模仿父亲的方方面面，比如低沉的音调、中等的语速、绅士的举止，甚至抽烟的姿态……他的这些努力最后当然是以失败而告终，因为他没法模仿父亲的内心、经历和经验。当然，这在当时他是理解不了的。

不管怎么样，这一刻也永远地定格为小强人生的转折点，前面仍然有众多的问题需要他去面对。

◎ 如何更好地实践和优化"衣柜整理法"？

第六章　建立高效办公区

◎ 如何让同事们认同他这个"半路杀出的程咬金"？

◎ 如何顺利完成角色的转换？

◎ 如何协调各部门的关系？

◎ 如何进行利益的平衡？

◎ 今后如何规划？

王总走后，同事们一下子涌上来围住小强，非要他来个"吃""喝""玩"一条龙不可。小强想了想，毕竟自己是喜事临门，况且这时候又需要重新从另一个角度建立与各位同事之间的关系，于是就答应了同事们的要求。

有时候，当我们取得成功的时候很难说出成功的根源是什么，就拿小强这次的升职来说，是因为王总和老付对自己的认可吗？仅仅认可是不够的。是因为在老付的帮助下得到了快速的成长吗？老付选择自己是有理由的。是因为自己简单、坚定的性格吗？性格来自于长时间养成的习惯。是因为自己建立的良好习惯吗？习惯来自于自己的成长环境。

或许，身边的环境才是自己成功的根源。

小强升职记：时间管理故事书（升级版）

花半小时彻底清理办公环境

第二天早晨，小强打开了办公室的门，将小小的房间打量一番后决定先从整理纸质资料开始，再整理办公桌。干净、整洁的办公室不等于高效办公室，小强对自己还是很有信心的，因为这正好用到他的特质：取舍和定位。

"OK，开工吧。"小强挽起了袖口，开始整理办公室。

小强把所有抽屉里的资料、柜子里的资料全部拿出来，堆在一个角落，一份一份地过滤，一方面为了增进对资料摆放位置的了解，另一方面也可以熟悉一下老付移交给他的资料，争取尽快进入角色。

他先是快速浏览了一下文档内容，然后对它们进行分类，把相同类别的东西归置在一起。忙活了5分钟之后，他看着自己的劳动成果笑了："这不正是'衣柜整理法'吗？老付这家伙，彻底给我洗脑啦。"

说的也是，小强下意识地就把所有的资料分成了4类。

1. **待处理**。这些一般是老付前不久移交给他的部分资料，还有当前正在进行中的几个项目的资料。小强先把它们按照项目的不同，分别放在不同的文件夹里，然后在文件夹的侧面写上该项目的名称，随后把这些文件夹放在办公桌右上角触手可及的文件架里。

2. **委托他人处理**。这是一些需要他人处理的资料或者等待批阅的文件。小强先是把它们集中放在一起,打算清理完办公室之后立即将它们分派、处理掉。

3. **整理归档**。一些陈年的资料和合同文本就不用打开看了,只要给它们合理地编制索引就可以放在档案柜里了。处理这类物品,只要你能保证立即知道该到哪里去找它们就可以了。到底是按照字母顺序索引,还是按照项目类别索引,悉听尊便。

4. **扔进废纸篓**。破旧的文件夹、草稿用的废纸、过期的报纸杂志、失去作用的汇报材料,等等。确实有些人处理这些东西时不像小强这样干脆利落,总是担心这个以后万一能派上用场,或者担心那个以后万一需要——这样下去的话,你的办公室会被撑爆的。小强有自己的一个原则:在过去的6个月没有用过的东西,现在也不确定今后是否用得上,就直接扔掉。利用这个原则,小强让自己的办公室保持了干净、整洁。

但是事情往往没有我们想象的那么简单,我们总会遇到一些难缠的家伙,如果严格按照上面提到的类别限制去进行归类,它们似乎可以在这一类,也可以在那一类。比如:本月的销售报表和财务报表,放在任何一个项目文件夹里都不合适,但是又不能把它们随便放在某个文件夹里,因此,小强专门准备了一个抽屉来存放这些东西,他把这个抽屉叫作"David Wang(大胃王）",这个抽屉每周都会清理。

接下来小强很熟练地搞定了桌面,因为小强有自己的"桌面系统"。

1. 电话放左侧,以便接电话时右手记东西,电话旁准备便条和笔。

2. 桌面正前方区域为办公区,平时保持空、净。

3. 前方左右两侧可以放当天需要处理的资料、文档、待办事项本,处理完后每天清空这两个区域。

4. 常用文具放右手前方比较好拿的位置。

第六章　建立高效办公区

5. 工作相关资料可以用透明文件盒搭配文件夹来整理，竖起来摆放，也可放一个搁架，下面放文具和笔记本。

6. 番茄工作法用的倒计时器。

7. 整天都用电脑的，就放在正面，不是整天用的就放在侧面。

"终于整理完了！"经过半小时的努力，小强可以停下来歇歇了，他一屁股坐在舒适的老板椅上，满足地看着眼前的一切……忽然间百感交集。他想起了老付和当初的自己，想起了这一年来自己走过的路，从疲于应付到掌控自如，内心充满了感恩。但想想自己的未来，更多的是迷茫和困惑：已经30岁了，我的人生就这样了吗？

谢谢你读完了这本书，这时候一定有点兴奋，想要立刻把书里的方法都实践一下吧，那么我相信只要一实践，肯定会遇到各种问题，读者朋友可以通过以下方式与我互动学习：

新浪微博：@邹小强V

抖音：时间管理邹小强

微信公众号：邹小强

关注微信公众号回复：大象模板，如果你用为知笔记，在微信公众号回复：为知模板，即可得到下载地址，祝实践快乐。